# Cepheid

세페이드

## 1F 화학 (하)

★★★★★

# 세페이드 시리즈의 구성

이제 편안하게 과학공부를 즐길 수 있습니다.

**1F**
중등과학 기초
물리학 · 화학 (초5~6)

**2F**
중등과학 완성
물 · 화 · 생 · 지 (중1~2)

**3F**
고등과학 Ⅰ
물 · 화 · 생 · 지 (중2~1)

**4F**
고등과학 Ⅱ
물 · 화 · 생 · 지 (중3~고1)

**5F**
실전 문제 풀이
물 · 화 · 생 · 지 (중3~고1)

세페이드
모의고사

세페이드
고등 통합과학

세페이드
고등학교 물리학 Ⅰ

http://cafe.naver.com/creativeini

창의력과학의 대표 브랜드

**과학 학습의 지평을 넓히다!**

단계별 과학 학습

창의력과학 세페이드 시리즈!

Structure

# 단원별 내용 구성

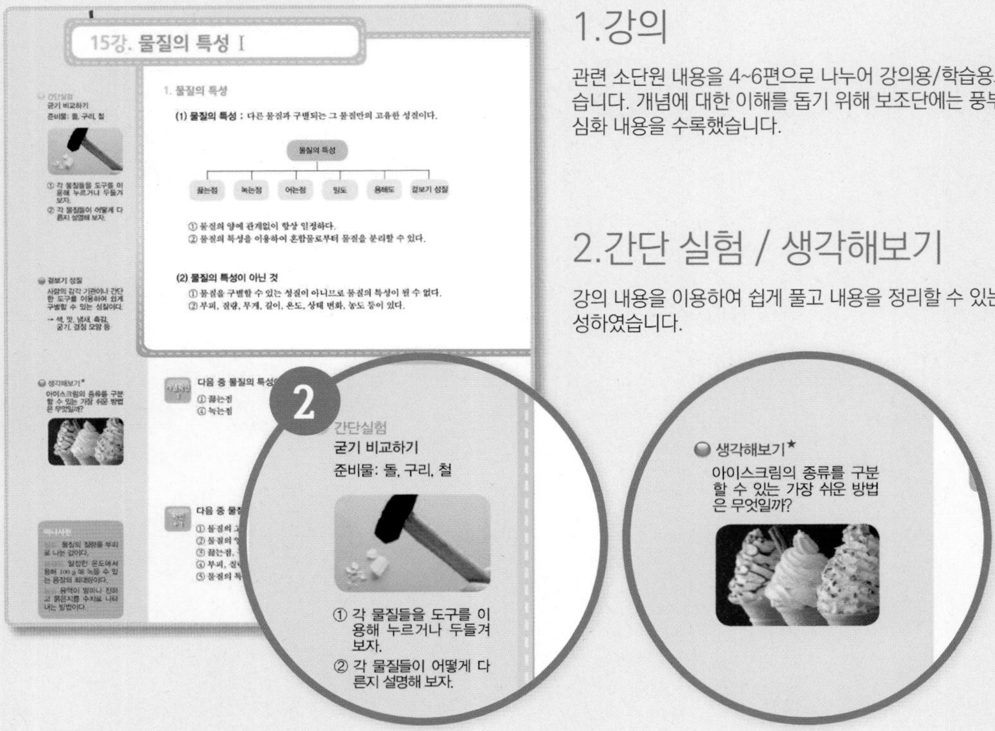


## 1.강의

관련 소단원 내용을 4~6편으로 나누어 강의용/학습용으로 구성했습니다. 개념에 대한 이해를 돕기 위해 보조단에는 풍부한 자료와 심화 내용을 수록했습니다.

## 2.간단 실험 / 생각해보기

강의 내용을 이용하여 쉽게 풀고 내용을 정리할 수 있는 문제로 구성하였습니다.

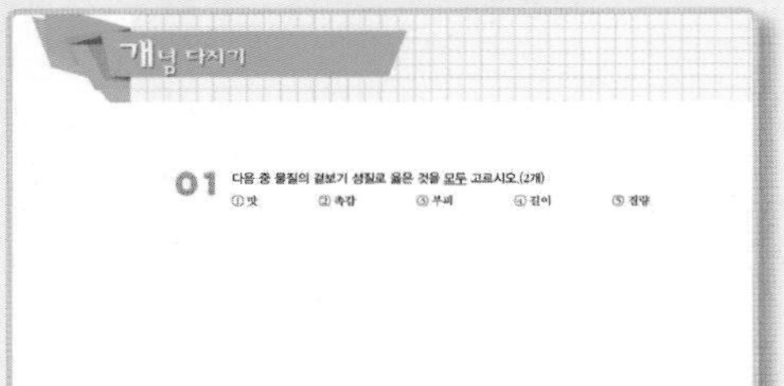


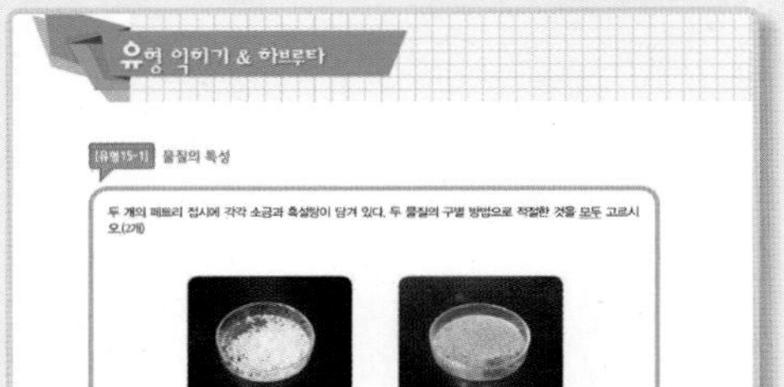


## 3.개념확인, 확인+, 개념다지기

강의 내용을 이용하여 쉽게 풀고 내용을 정리할 수 있는 문제로 구성하였습니다.

## 4. 유형 익히기 & 하브루타

관련 소단원 내용을 유형별로 나누어서 각 유형별로 대표 문제와 연습 문제를 제시하였습니다.

단계별 학습으로 가장 효과적인 자기주도학습이 가능합니다. 새로운 문제에 도전해 보세요!

## 5.창의력 & 토론 마당

관련 소단원 내용에 관련된 창의력 문제를 풍부하게 제시하여 창의력을 향상시킴과 동시에 질문을 자연스럽게 이끌어 낼 수 있도록 하였고, 관련 주제에 대한 토론이 가능하도록 하였습니다.

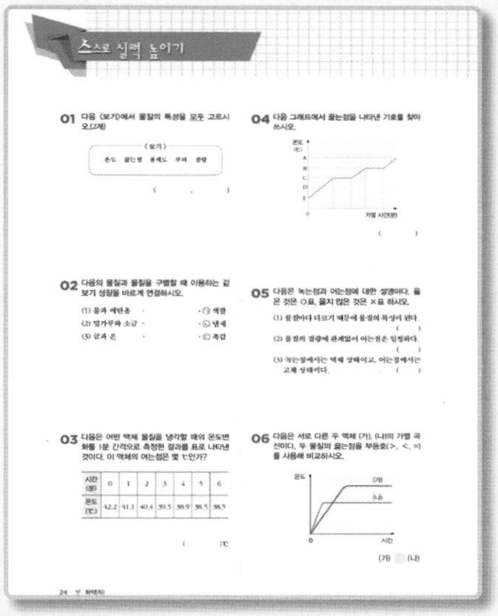


## 6.스스로 실력 높이기

학습한 내용에 대한 복습 문제를 오답문제와 같이 충분한 양을 제공하였습니다. 연장 학습이 가능할 것입니다.

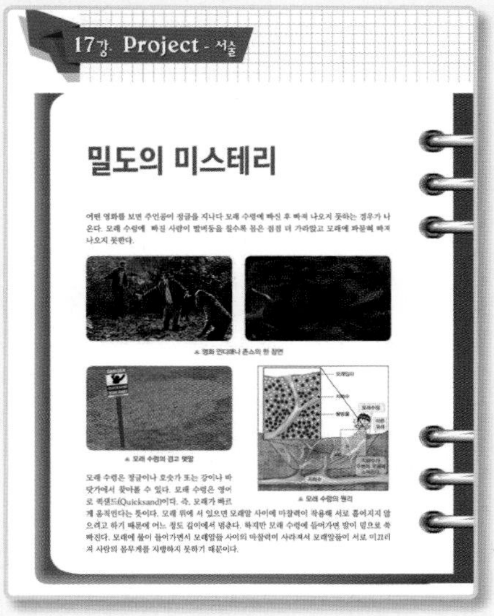


## 7.Project

대단원이 마무리될 때마다 충분한 읽기자료를 제공하여 서술형/논술형 문제에 답하도록 하였고, 단원의 주요 실험을 할 수 있도록 하였습니다. 융합형 문제가 같이 제시되므로 STEAM 활동이 가능할 것입니다.

# CONTENTS | 목차

## 1F 화학(상)

# 1F 화학(하)

# V 물질의 특성

물질마다 끓는점이 달라지는 이유는 무엇일까?

SCIENC

# 15강. 물질의 특성 Ⅰ

## 1. 물질의 특성

**(1) 물질의 특성 :** 다른 물질과 구별되는 그 물질만의 고유한 성질이다.

물질의 특성
- 끓는점
- 녹는점
- 어는점
- 밀도
- 용해도
- 겉보기 성질

① 물질의 양에 관계없이 항상 일정하다.
② 물질의 특성을 이용하여 혼합물로부터 물질을 분리할 수 있다.

**(2) 물질의 특성이 아닌 것**

① 물질을 구별할 수 있는 성질이 아니므로 물질의 특성이 될 수 없다.
② 부피, 질량, 무게, 길이, 온도, 상태 변화, 농도 등이 있다.

간단실험
**굳기 비교하기**
준비물: 돌, 구리, 철

① 각 물질들을 도구를 이용해 누르거나 두들겨 보자.
② 각 물질들이 어떻게 다른지 설명해 보자.

겉보기 성질
사람의 감각 기관이나 간단한 도구를 이용하여 쉽게 구별할 수 있는 성질이다.
→ 색, 맛, 냄새, 촉감, 굳기, 결정 모양 등

**개념확인 1** 다음 중 물질의 특성이 <u>아닌</u> 것은?

① 끓는점 ② 밀도 ③ 농도
④ 녹는점 ⑤ 용해도

생각해보기★
아이스크림의 종류를 구분할 수 있는 가장 쉬운 방법은 무엇일까?

**확인 +1** 다음 중 물질의 특성에 대한 설명으로 옳지 <u>않은</u> 것은?

① 물질의 고유한 성질이다.
② 물질의 양에 따라 변한다.
③ 끓는점, 녹는점, 어는점은 물질의 특성이다.
④ 부피, 질량, 무게 등은 물질의 특성이 아니다.
⑤ 물질의 특성을 이용해 혼합물로부터 물질을 분리할 수 있다.

**미니사전**
밀도 물질의 질량을 부피로 나눈 값이다.
용해도 일정한 온도에서 용매 100 g 에 녹을 수 있는 용질의 최대량이다.
농도 용액이 얼마나 진하고 묽은지를 수치로 나타내는 방법이다.

## 2. 끓는점

**(1) 끓는점 :** 액체에서 기체로 상태 변화하는 온도

**(2) 물질의 가열 곡선**

① 끓는점 : 그래프에서 온도가 일정한 부분

② 온도가 일정한 부분이 나타나는 이유 : 액체가 끓는 동안 흡수한 열에너지가 상태 변화 과정에 사용되기 때문이다.

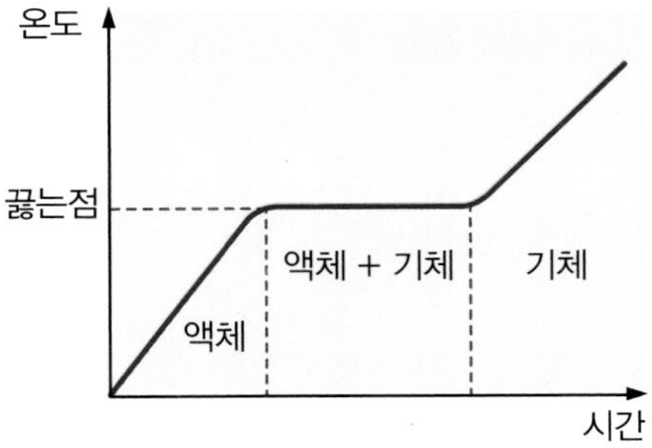


▲ 끓는점 그래프

**(3) 특징**

① 끓는점에서는 물질의 액체 상태와 기체 상태가 함께 존재한다.

② 물질의 종류에 따라 다르므로 물질의 특성이 된다.

**물질의 끓는점**

끓는점은 물질마다 다른 값을 갖기 때문에 물질을 구별할 수 있는 물질 고유의 특성이 된다.

| 물질 | 끓는점(℃) |
|---|---|
| 물 | 100 |
| 에탄올 | 78.32 |
| 아세톤 | 56.2 |
| 철 | 2862 |
| 산소 | -183 |

정답 및 해설 02쪽

**개념확인 2** 오른쪽 가열 곡선에서 곡선이 평평하게 나타나는 구간의 온도를 무엇이라 하는가?

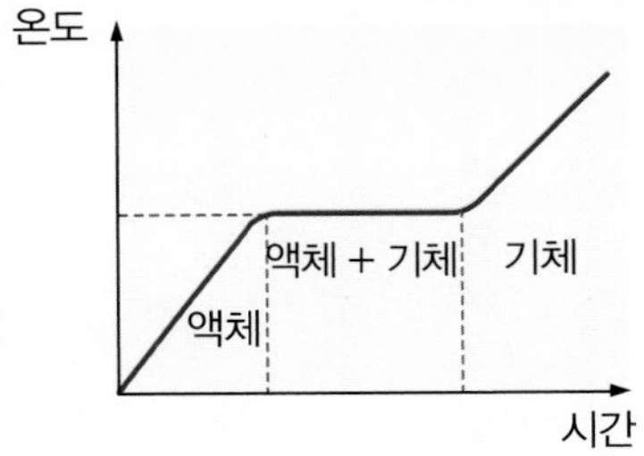


**생각해보기★★**

산 꼭대기와 산 아래에서 끓는점은 같을까?

**확인 +2** 다음 괄호에 들어갈 알맞은 답을 고르시오.

| |
|---|
| 액체가 기체로 상태 변화하는 온도를 ( )이라 한다. |

① 끓는점　② 어는점　③ 밀도
④ 녹는점　⑤ 용해도

## 3. 녹는점과 어는점

(1) **녹는점** : 고체가 액체로 상태 변화하는 온도

(2) **어는점** : 액체가 고체로 상태 변화하는 온도

(3) **녹는점과 어는점의 그래프**

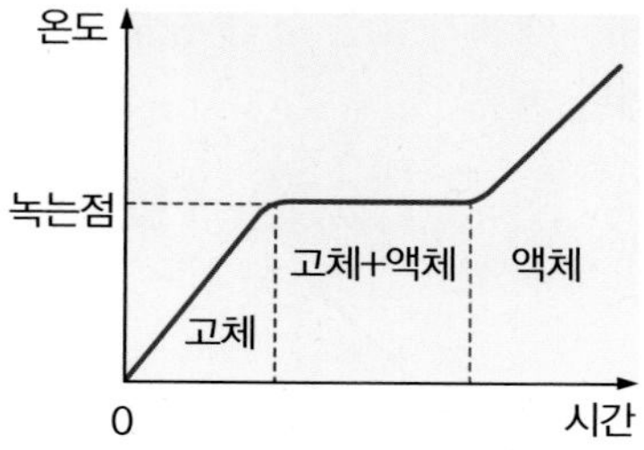

▲ 녹는점 그래프 (가열 곡선)

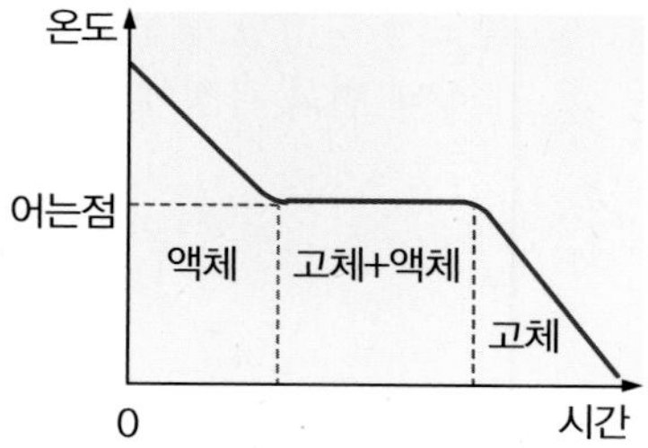

▲ 어는점 그래프 (냉각 곡선)

① 같은 물질의 경우 녹는점과 어는점은 같다.
→ 얼음의 녹는점과 물의 어는점은 같다.

② 물질마다 녹는점(어는점)은 다르다.
→ 얼음의 녹는점 : 0℃, 소금의 녹는점 : 800℃

온도에 따른 물질의 상태

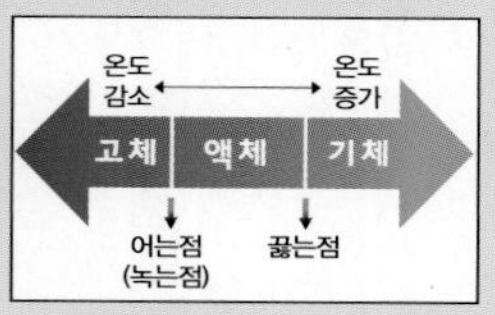


생각해보기★★★
물과 소금물의 어는점은 같을까, 다를까?

개념확인 3 다음 괄호 안에 들어갈 말로 옳은 것을 〈보기〉에서 모두 고르시오.

〈보기〉
녹는점 끓는점 어는점

| |
|---|
| 같은 물질의 경우 ( )과 ( )은 같다. |

확인+3 다음 중 어는점에서의 상태 변화로 옳은 것은?

① 고체 → 액체 ② 액체 → 기체 ③ 기체 → 고체
④ 기체 → 액체 ⑤ 액체 → 고체

## 4. 끓는점과 물질의 종류, 질량, 불꽃 세기

**(1) 물질의 종류** : 물질이 다르면 끓는점이 다르다.

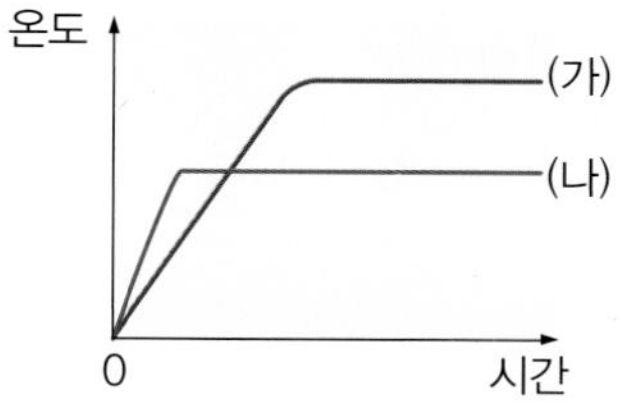


(가)와 (나)가 다른 물질일 때

· 끓는점 : (가) > (나)

◀ 가열 곡선

**(2) 물질의 질량** : 물질의 질량이 작을수록 끓는점에 빨리 도달한다.

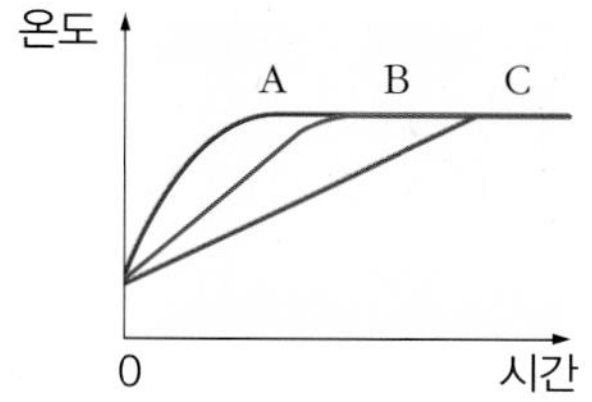


A, B, C 가 같은 물질이고, 불꽃 세기가 일정할 때

· 물질의 질량 : A < B < C

· 끓는점 도달 속도 : A > B > C

◀ 가열 곡선

**(3) 불꽃 세기** : 불꽃 세기가 클수록 물질은 끓는점에 빨리 도달한다.

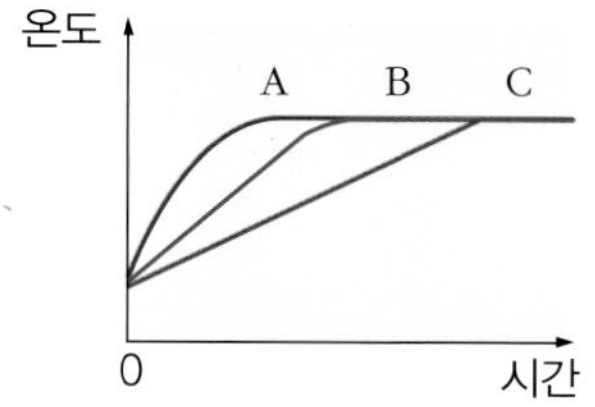


A, B, C 가 같은 물질이고, 물질의 양이 일정할 때

· 불꽃 세기 : A > B > C

· 끓는점 도달 속도 : A > B > C

◀ 가열 곡선

정답 및 해설 **02쪽**

**개념확인 4** 다음은 서로 다른 두 액체 물질 (가)와 (나)의 가열 시간에 따른 온도 변화를 나타낸 그래프이다. (가)와 (나) 중 끓는점이 더 높은 물질은?

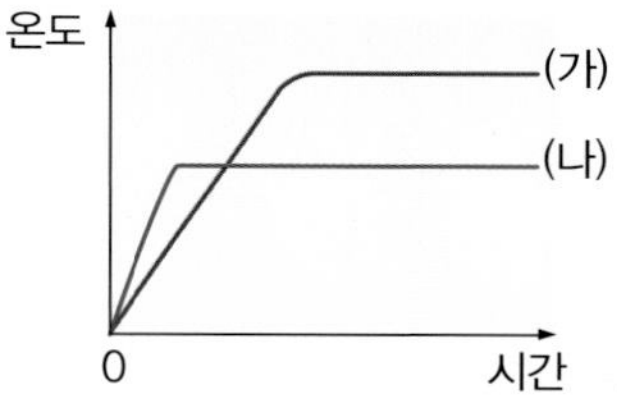


(　　　　)

**생각해보기★★★★**

소금물 500 g 과 순수한 물 500 g 을 같은 불꽃으로 가열하면 어느 것이 먼저 끓는점에 도달할까?

**확인 + 4** 다음 중 옳은 것은 ○표, 옳지 않은 것은 ×표 하시오.

(1) 물질이 다르면 녹는점(끓는점)이 다르다. (　　)

(2) 물질의 양이 많을수록 녹는점, 끓는점에 빨리 도달한다. (　　)

(3) 불꽃 세기가 클수록 녹는점, 끓는점에 늦게 도달한다. (　　)

**미니사전**

도달 목적한 곳이나 수준에 다다른 것을 말한다.

# 개념 다지기

**01** 다음 중 물질의 겉보기 성질로 옳은 것을 모두 고르시오.(2개)

① 맛 ② 촉감 ③ 부피 ④ 길이 ⑤ 질량

**02** 다음 중 물질들과 그것을 구별할 수 있는 겉보기 성질이 바르게 연결되지 않은 것은?

① 구리, 은 – 색
② 자갈, 흙 – 촉감
③ 설탕, 소금 – 색
④ 밀가루, 전분 가루 – 색
⑤ 오렌지 주스, 알로에 주스 – 색

**03** 다음 끓는점, 녹는점, 어는점에 대한 설명으로 옳은 것을 모두 고르시오.(3개)

① 녹는점, 어는점, 끓는점은 물질마다 다르다.
② 순수한 물의 어는점은 −100℃, 끓는점은 100℃이다.
③ 녹는점과 어는점은 물질의 양이나 불꽃 세기에 따라 변한다.
④ 끓는점은 다른 물질과 구별되는 그 물질만의 고유한 성질이다.
⑤ 같은 물질의 경우, 불꽃 세기가 같으면 물질의 양이 적을수록 녹는점, 끓는점에 빨리 도달한다.

정답 및 해설 02쪽

**04** 다음 〈보기〉를 읽고 (가), (나)에 들어갈 단어로 바르게 짝지은 것은?

〈 보기 〉

고체가 액체로 상태 변화 하는 온도를 (가),
액체가 고체로 상태 변화 하는 온도를 (나)라고 한다.

| | (가) | (나) | | (가) | (나) |
|---|---|---|---|---|---|
| ① | 녹는점 | 어는점 | ② | 녹는점 | 끓는점 |
| ③ | 끓는점 | 녹는점 | ④ | 끓는점 | 어는점 |
| ⑤ | 어는점 | 끓는점 | | | |

**05** 다음은 일정한 세기의 불꽃을 가했을 때, 양이 다른 세 물질 A, B, C를 시간과 온도로 나타낸 그래프이다. 물질의 양을 바르게 나타낸 것은?

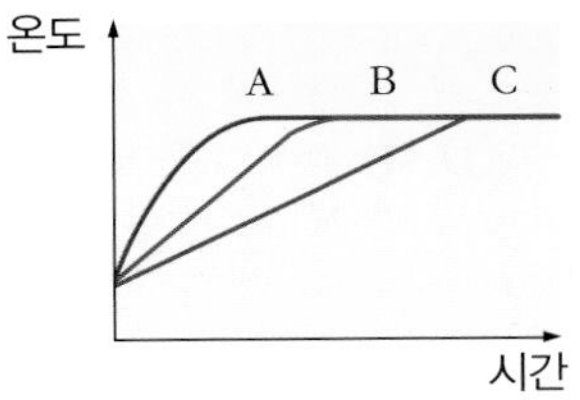


① A<B<C ② A>B>C
③ A<C<B ④ A>C>B
⑤ B<A<C

**06** 다음은 물의 가열 곡선과 냉각 곡선이다. 녹는점과 어는점에서의 상태 변화를 바르게 짝지은 것은?

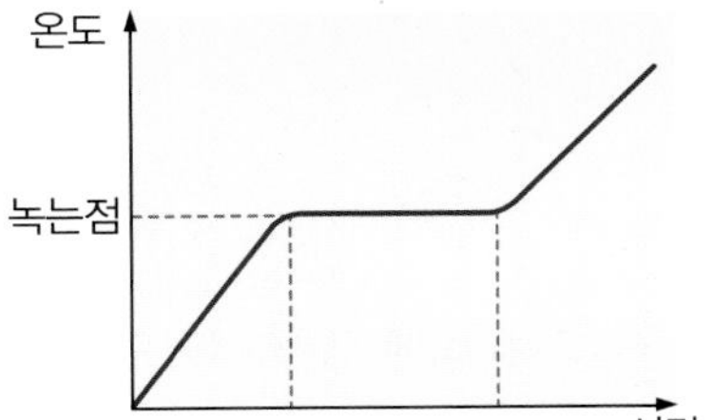

▲ 가열 곡선

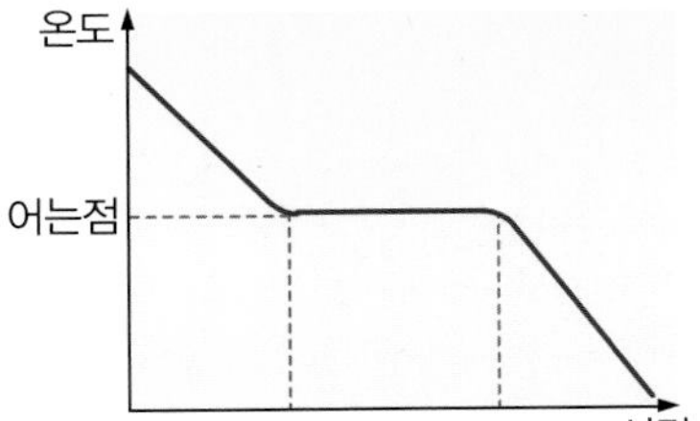

▲ 냉각 곡선

| | 녹는점 | 어는점 | | 녹는점 | 어는점 |
|---|---|---|---|---|---|
| ① | 고체 → 액체 | 액체 → 고체 | ② | 액체 → 기체 | 기체 → 액체 |
| ③ | 기체 → 고체 | 고체 → 기체 | ④ | 액체 → 고체 | 기체 → 액체 |
| ⑤ | 고체 → 액체 | 액체 → 기체 | | | |

## [유형15-1] 물질의 특성

두 개의 페트리 접시에 각각 소금과 흑설탕이 담겨 있다. 두 물질의 구별 방법으로 적절한 것을 모두 고르시오.(2개)

(가) 소금

(나) 흑설탕

① 색 ② 부피 ③ 맛 ④ 질량 ⑤ 냄새

Tip!

**01** 다음 중 물질의 특성으로만 바르게 짝지어진 것은?

① 농도, 질량 ② 결정의 모양, 크기 ③ 길이, 넓이
④ 맛, 냄새 ⑤ 부피, 밀도

**02** 다음 중 물질의 특성에 대한 설명으로 옳은 것은?

① 온도는 물질의 특성이다.
② 질량은 물질의 특성이다.
③ 물질의 크기는 물질의 특성이다.
④ 물질을 구별하는데 물질의 특성을 이용한다.
⑤ 사람의 감각은 부정확하므로 맛은 물질의 특성이 될 수 없다.

정답 및 해설 02쪽

## [유형15-2] 끓는점

다음은 어떤 액체 물질을 가열할 때의 온도 변화를 1분 간격으로 측정한 결과를 표로 나타낸 것이다. 이 액체의 끓는점은 몇 ℃인가?

| 시간(분) | 0 | 1 | 2 | 3 | 4 | 5 | 6 |
|---|---|---|---|---|---|---|---|
| 온도(℃) | 52.0 | 54.3 | 57.2 | 62.3 | 63.8 | 63.8 | 63.8 |

① 52.0℃ ② 54.3℃ ③ 57.2℃ ④ 62.3℃ ⑤ 63.8℃

**03** 다음은 액체의 가열 곡선이다. 온도가 일정한 구간에서 물질의 상태 변화로 옳은 것은?

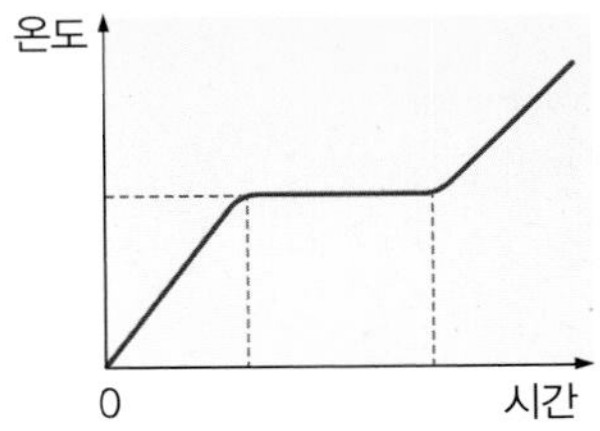


① 고체→액체 ② 액체→기체
③ 기체→고체 ④ 기체→액체
⑤ 액체→고체

**04** 괄호 안에 들어갈 말로 순서대로 바르게 짝지어진 것은?

> (　　　)가 (　　　)로 상태 변화하는 동안 일정하게 유지되는 온도를 끓는점이라 한다.

① 고체, 액체 ② 액체, 기체 ③ 기체, 고체
④ 기체, 액체 ⑤ 액체, 고체

Tip!

[유형15-3] 녹는점과 어는점

다음 그래프 (가)~(다) 중에서 녹는점, 어는점, 끓는점이 나타난 것을 각각 찾아 기호를 쓰시오.

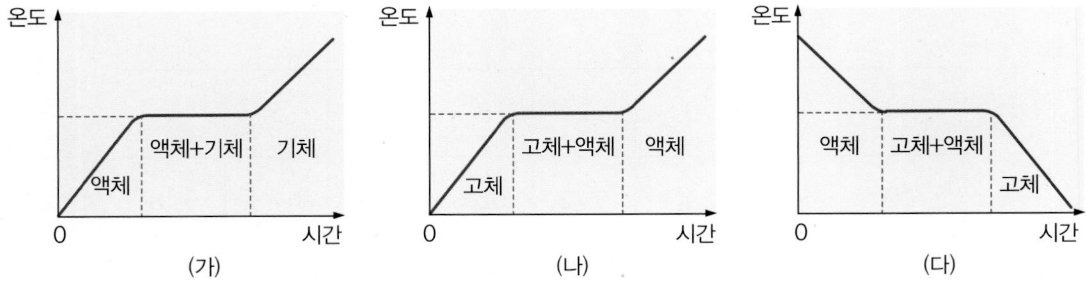


(1) 녹는점 : (　　　　)
(2) 어는점 : (　　　　)
(3) 끓는점 : (　　　　)

Tip!

**05** 어떤 물질의 어는점이 20℃였다면 이 물질의 녹는점은 몇 ℃인가?

① 10℃　② 20℃　③ 30℃　④ 40℃　⑤ 50℃

**06** 어떤 물질의 녹는점에서의 상태 변화로 옳은 것은?

① 고체 → 액체　② 액체 → 기체　③ 기체 → 고체
④ 기체 → 액체　⑤ 액체 → 고체

## [유형15-4] 물질의 상태 변화와 불꽃 세기

다음은 어떤 액체 물질 A, B, C를 같은 불꽃 세기로 가열했을 때의 가열 곡선이다. 이에 대한 설명으로 옳은 것은?

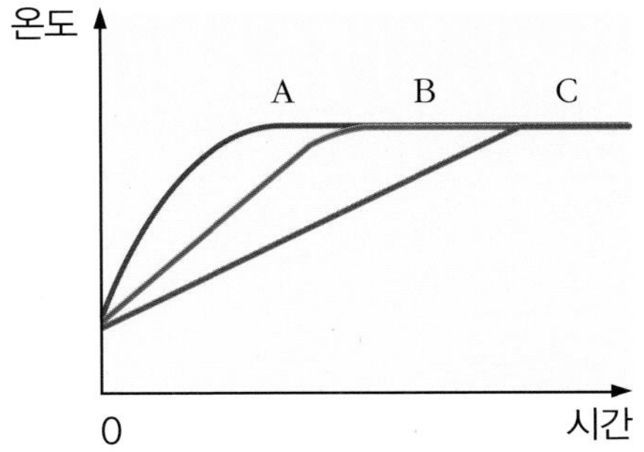


① A의 끓는점이 가장 낮다.
② B가 C보다 질량이 크다.
③ C가 끓는점에 가장 빨리 도달한다.
④ A, B, C는 모두 같은 물질이다.
⑤ 가열 시간이 증가할수록 끓는점이 높아진다.

**07** 물을 끓일 때, 끓는점에 빨리 도달하기 위한 방법으로 옳지 않은 것은?

① 물의 양을 적게 한다.
② 산 정상에서 끓여준다.
③ 불꽃 세기를 강하게 한다.
④ 밑바닥이 넓은 용기로 바꿔준다.
⑤ 물질을 담은 용기의 뚜껑을 열어둔다.

**Tip!**

**08** 오른쪽은 같은 종류, 같은 양의 액체 물질을 서로 다른 세기의 불꽃으로 가열했을 때, 시간에 따른 온도 변화를 각각 나타낸 그래프이다. A~C 중 불꽃의 세기를 가장 크게해서 가열한 것을 고르시오.

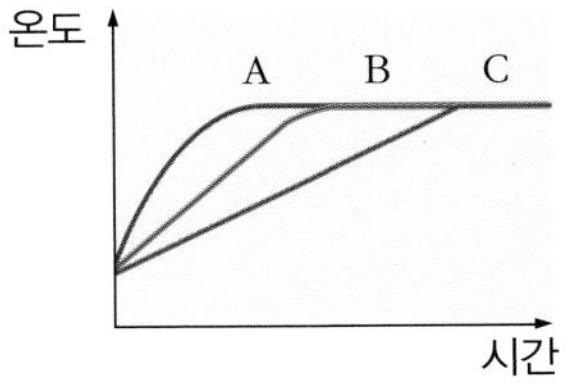


( )

# 창의력 & 토론마당

**01** 국새는 임금이나 임금이 지정한 신하가 외교 문서나 국가의 중요한 문서에 사용했던 도장이다. 국새를 만들 때 금속을 조각하여 바로 국새를 만들지 않고 틀을 만들어 사용하는 이유는 무엇인지 〈보기〉를 읽고 각 물질의 녹는점과 연관지어 설명해 보자.

〈 보기 〉

· 금속 : 매우 단단하여 정교한 형체를 만들기 어렵다.
· 밀랍 : 물러서 원하는 형체를 쉽게 만들 수 있고, 열을 가하면 쉽게 녹아 제거할 수 있다.
· 석고 : 가열하면 단단해지므로 모형 틀을 만들기가 좋다.

정답 및 해설 **03쪽**

**02** 책상 위에 똑같은 모양, 색깔, 크기를 가진 구슬이 3개 있다. 이 구슬들은 각각 쇠구슬, 스타이로폼 공, 사탕이다. 이 3개의 구슬을 구별할 수 있는 방법을 3가지 쓰시오.

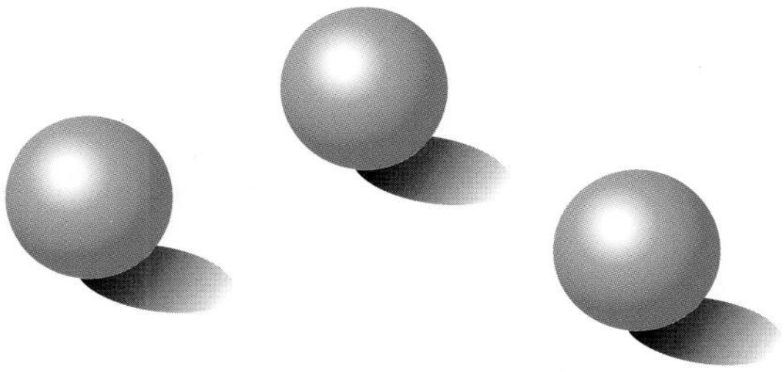

**03** 끓고 있지 않은 뜨거운 식용유에 감자를 잘라서 넣으면 식용유는 끓지 않지만 감자 주위로 기포가 생기는 것을 관찰할 수 있다. 이 기포는 감자 속에 있던 물이 끓어서 감자 밖으로 나가며 생긴 것이다. 이 기포 안의 물질이 무엇인지 쓰고, 식용유와 물의 끓는점을 비교해 보자.

**04** 사진은 빨래를 삶던 물이 끓어 넘치는 모습이다. 물의 끓는점보다 온도가 높으면 용기 안의 액체 내부에 작은 기포들이 생기며, 더 끓으면 액체가 기포와 함께 용기 밖으로 넘쳐 흐르기도 한다. 물을 끓일 때 물이 넘치지 않도록 하는 방법에는 어떤 것이 있을까? 한 가지 이상 적어 보시오.

정답 및 해설 03쪽

**05** 물은 약 0℃에서 얼기 시작하여 얼음으로 변한다. 만약 물이 5℃에서 얼기 시작한다면 어떤 일이 일어날지 생각해 보고, 3가지만 쓰시오.

# 스스로 실력 높이기

**01** 다음 〈보기〉에서 물질의 특성을 모두 고르시오.(2개)

〈 보기 〉

온도　끓는점　용해도　부피　질량

(　　　　,　　　　)

**02** 다음의 물질과 물질을 구별할 때 이용하는 겉보기 성질을 바르게 연결하시오.

(1) 물과 에탄올 · 　　　　· ㉠ 색깔

(2) 밀가루와 소금 · 　　　　· ㉡ 냄새

(3) 금과 은 · 　　　　· ㉢ 촉감

**03** 다음은 어떤 액체 물질을 냉각할 때의 온도변화를 1분 간격으로 측정한 결과를 표로 나타낸 것이다. 이 액체의 어는점은 몇 ℃인가?

| 시간(분) | 0 | 1 | 2 | 3 | 4 | 5 | 6 |
|---|---|---|---|---|---|---|---|
| 온도(℃) | 42.2 | 41.1 | 40.4 | 39.5 | 38.9 | 38.5 | 38.5 |

(　　　　)℃

**04** 다음 그래프에서 끓는점을 나타낸 기호를 찾아 쓰시오.

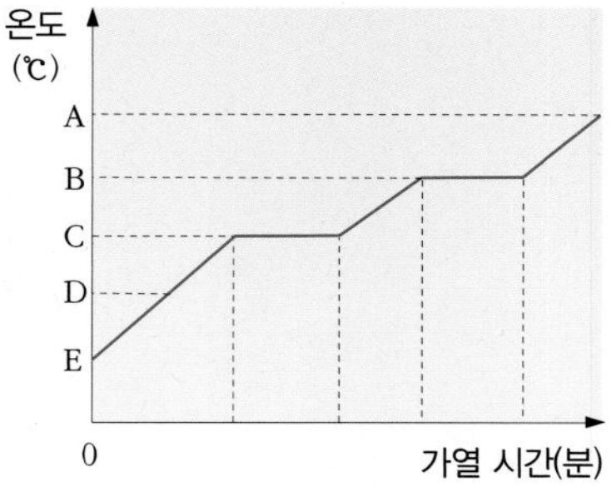


(　　　　)

**05** 다음은 녹는점과 어는점에 대한 설명이다. 옳은 것은 ○표, 옳지 않은 것은 ×표 하시오.

(1) 물질마다 다르기 때문에 물질의 특성이 된다. (　　)

(2) 물질의 질량에 관계없이 어는점은 일정하다. (　　)

(3) 녹는점에서는 액체 상태이고, 어는점에서는 고체 상태이다. (　　)

**06** 다음은 서로 다른 두 액체 (가), (나)의 가열 곡선이다. 두 물질의 끓는점을 부등호(>, <, =)를 사용해 비교하시오.

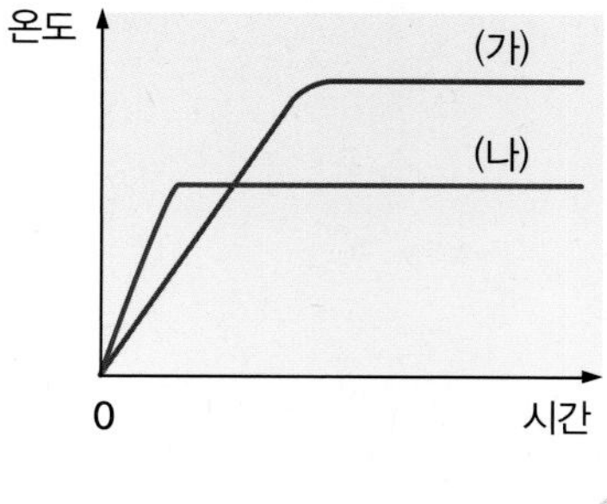


(가) ▢ (나)

**07** 다음은 어떤 물질을 냉각하면서 얻은 온도 변화 그래프이다. 이 물질의 어는점은 몇 ℃ 인지 쓰시오.

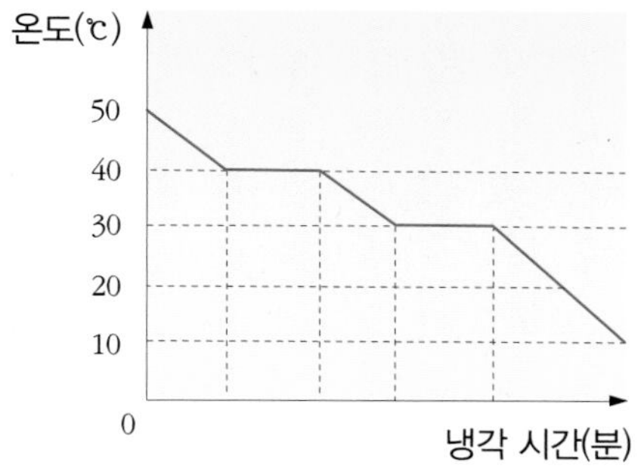


( )℃

**08** 다음은 끓는점에 대한 설명이다. 옳은 것은 ○표, 옳지 않은 것은 ×표 하시오.

(1) 액체가 기화할 때의 온도이다. ( )

(2) 끓는점에서 온도가 일정한 이유는 흡수한 열이 모두 상태 변화에 쓰이기 때문이다. ( )

(3) 끓는점에서는 액체 상태와 기체 상태가 함께 존재한다. ( )

**09** 녹는점이 40℃인 물질이 있다. 이 물질이 응고되는 온도는 몇 ℃ 인가?

( )℃

**10** 다음 중 물질들과 그것을 구별할 수 있는 겉보기 성질이 잘못 짝지어진 것은?

① 자갈, 흙 - 맛
② 소금, 설탕 - 맛
③ 에탄올, 물 - 냄새
④ 밀가루, 소금 - 촉감
⑤ 소금, 황산 구리 - 색

**11** 다음 중 액체의 끓는점에 대한 설명으로 옳은 것을 모두 고르시오.(2개)

① 산 꼭대기에서 끓는점이 높아진다.
② 물질의 종류에 관계없이 모두 같다.
③ 질량이 커지면 끓는점이 높아진다.
④ 액체와 기체가 함께 공존하는 온도이다.
⑤ 물질이 상태 변화하는 동안 일정하게 유지되는 온도이다.

**12** 다음 중 물질을 구별하기 위한 방법을 짝지은 것으로 가장 적당한 것은?

① 물과 식초 - 맛을 본다.
② 소금과 설탕 - 색을 관찰한다.
③ 구리와 은 - 질량을 측정한다.
④ 소금과 설탕 - 손으로 만져본다.
⑤ 밀가루와 전분 가루 - 색을 관찰한다.

**13** 색과 냄새가 똑같은 두 액체가 있을 때, 두 물질을 구분하기 위한 방법으로 적절한 것을 모두 고르시오.(3개)

① 녹는점 ② 질량 ③ 끓는점
④ 부피 ⑤ 어는점

**14** 녹는점과 어는점에 대한 설명으로 옳지 않은 것은?

① 질량에 따라 달라진다.
② 두 가지 모두 물질의 특성이다.
③ 물의 어는점과 얼음의 녹는점은 같다.
④ 녹는점과 어는점에서 그래프는 평평하다.
⑤ 고체가 액체로 변하는 온도는 녹는점이다.

**15** 다음은 일정한 세기의 불꽃으로 가열했을 때, 양이 다른 세 물질 A, B, C를 시간과 온도로 나타낸 그래프이다. 물질의 양이 가장 많은 것은?

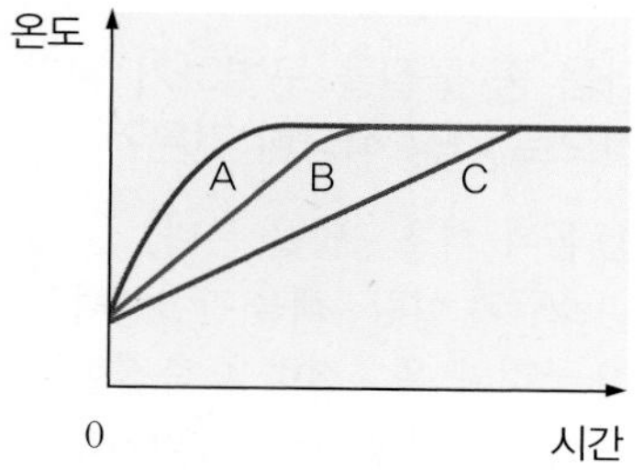


( )

**16** 다음 중 액체가 끓는점에 도달하는 시간에 영향을 미치지 않는 것은?

① 불꽃 세기 ② 액체의 질량
③ 액체의 종류 ④ 액체의 색
⑤ 액체를 담는 용기

**17** 오른쪽 그래프는 어떤 액체 물질 (가), (나)의 가열 곡선을 나타낸 것이다. 그래프에 대한 다음 설명 중 옳지 않은 것은?

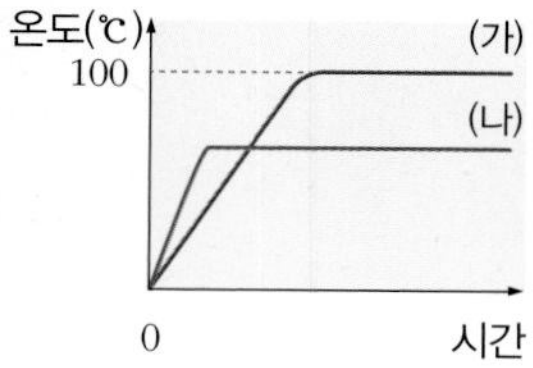


① (가)는 에탄올이다.
② (가)의 끓는점이 더 높다.
③ (나)가 먼저 끓는점에 도달한다.
④ (가), (나)의 녹는점은 비교할 수 없다.
⑤ 온도가 일정한 구간은 액체에서 기체로 상태 변화하는 구간이다.

**18** 다음은 온도에 따른 물질의 상태를 나타내는 그림이다. 그림에 대한 설명으로 옳지 않은 것은?

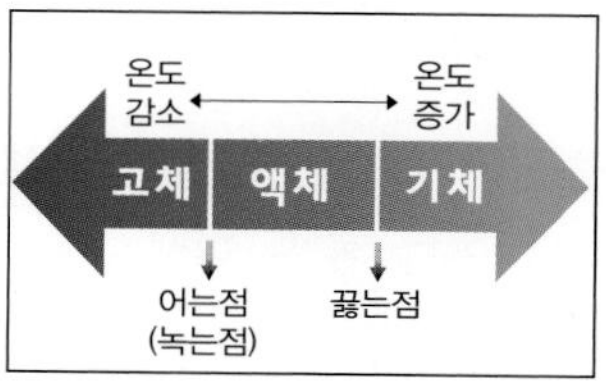


① 어는점과 녹는점의 온도는 같다.
② 어는점에서는 고체와 액체가 공존한다.
③ 끓는점에서는 액체와 기체가 공존한다.
④ 끓는점보다 온도가 높아지면, 액체는 기체가 된다.
⑤ 어는점보다 온도가 높아지면, 액체는 고체가 된다.

**[19~20]** 다음 그래프는 액체 A~D를 같은 세기의 불꽃으로 가열했을 때의 결과를 나타낸 것이다. 그래프를 보고 물음에 답하시오.

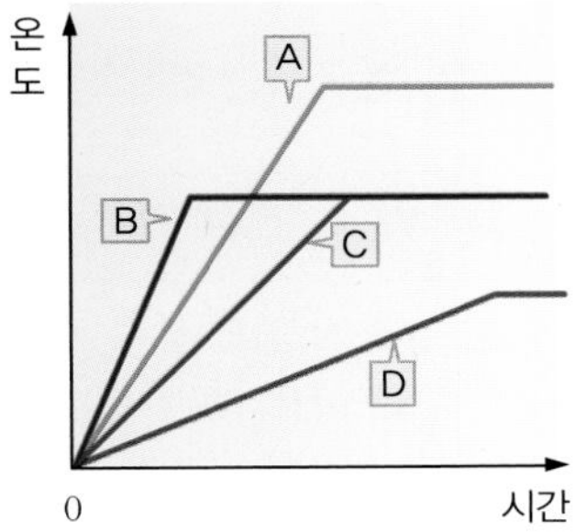


**19** 액체 A~D 중 가장 빨리 끓는점에 도달하는 액체의 기호를 쓰시오.

( )

**20** 그래프에 대한 설명 중 옳은 것은?

① A의 끓는점이 가장 낮다.
② B와 D는 같은 물질이다.
③ B보다 C의 질량이 더 크다.
④ 가장 늦게 끓는점에 도달하는 것은 A이다.
⑤ 그래프는 총 4개의 서로 다른 물질을 나타낸다.

## 창의력 서술

**21** 물을 끓일 때 끓임쪽을 넣으면 왜 물이 끓어 넘치지 않을까?

**22** 메탄올과 물에 적신 목장갑을 끼고, 목장갑에 불을 붙이면 목장갑은 일정 시간 동안 타지 않고 뜨거움도 잘 느끼지 못한다. 목장갑이 불에 탈 때, 뜨거움을 느끼지 못하는 이유를 서술해 보자.

# 16강. 물질의 특성 II

● 물에 뜨는 고체의 부피 측정

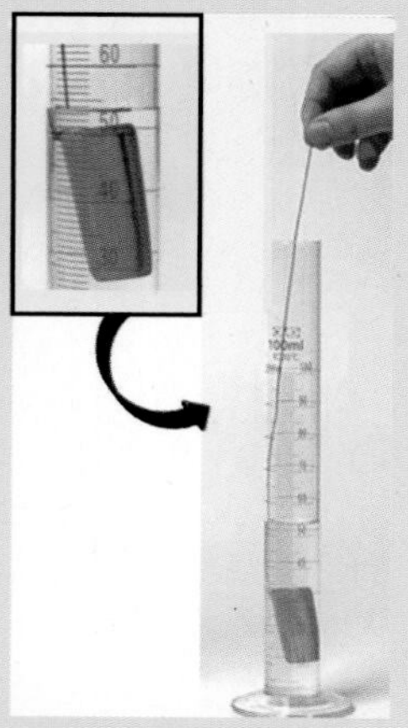

철사로 고체를 눌러 가라앉게 한 다음 부피를 측정한다.

● 눈금실린더의 눈금 읽는 법

① 눈금실린더를 평평한 곳에 놓는다.

② 눈의 높이가 액체의 오목한 밑부분과 수평이 되도록 한다.

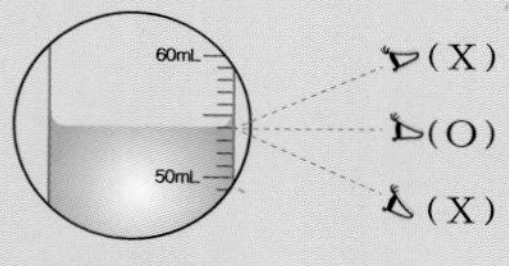


물 54 mL

● 생각해보기★

지구에서의 질량과 달에서의 질량은 같을까?

## 1. 밀도 1

**(1) 부피** : 물질이 차지하는 공간의 크기이다.

| 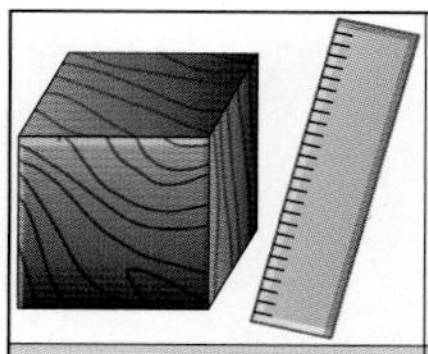 | 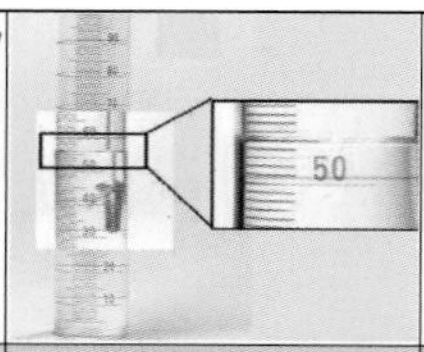 | 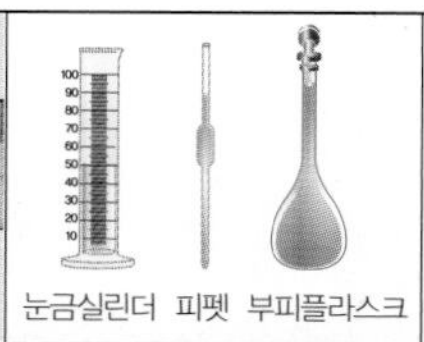 |  |
|---|---|---|---|
| 일정한 모양의 고체 | 불규칙한 모양의 고체 | 액체 | 기체 |
| 길이를 측정하여 부피를 계산 | 액체에 넣어 증가한 액체의 부피로 측정 | 눈금실린더, 뷰렛, 스포이트, 피펫 등을 이용하여 측정 | 액체를 가득 채운 눈금실린더에 넣어 측정 |

※ 단위 : $cm^3$, $m^3$, mL, L

**(2) 질량** : 장소에 관계없이 물질이 가지는 고유한 양

① 윗접시저울이나 양팔저울, 전자저울 등을 이용하여 측정한다.

▲ 윗접시저울

▲ 양팔저울

▲ 전자저울

② 단위 : g, kg

**개념확인 1** 다음 빈칸에 알맞은 말을 쓰시오.

> 어떤 물질이 차지하는 공간의 크기를 ㉠(　　　　　) 라고 하고, 장소에 따라 변하지 않는 물질이 가지는 고유한 양을 ㉡(　　　　　)이라고 한다.

**확인 +1** 질량과 부피의 단위를 두 개씩 찾아 선으로 연결하시오.

(1) 질량 ·

(2) 부피 ·

· ㉠ $cm^3$

· ㉡ g

· ㉢ mL

· ㉣ kg

## 2. 밀도 2

**(1) 밀도** : 단위 부피에 대한 질량이다.

① 물질의 양과는 관계없이 일정하다.

② 물질의 종류마다 다르기 때문에 물질의 특성이 된다.

$$\text{밀도} = \frac{\text{질량 ( g, kg )}}{\text{부피 ( cm}^3\text{, mL )}} \quad (\text{ 단위 : g/cm}^3,\ \text{g/mL},\ \text{kg/m}^3\ )$$

**(2) 밀도의 비교** : 밀도가 큰 물질은 밀도가 작은 물질 아래로 가라앉는다.

· 아래층에 있는 물질일수록 밀도가 크다.

· 밀도 : 수은 > 동전 > 글리세린 > 포도알 > 물 > 식용유 > 코르크 마개

**(3) 밀도와 우리 생활**

| 밀도를 작게 만들어 이용하는 기구 | | | |
|---|---|---|---|
|  | 열기구 내부의 밀도가 작아져 열기구가 위로 올라간다. | 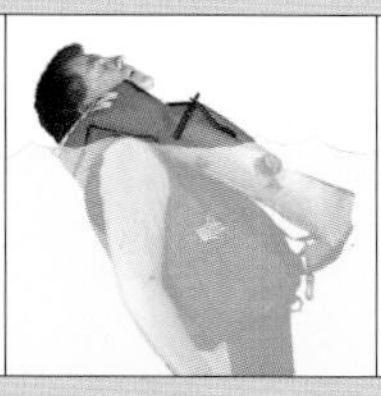 | 물보다 밀도가 작은 구명조끼가 물 위에 뜬다. |
| **밀도를 크게 만들어 이용하는 기구** | | | |
|  | 소화기의 이산화 탄소가 바닥에 깔려 산소를 차단한다. |  | 해녀의 허리에 납덩어리를 부착하여 잠수를 쉽게 한다. |

○ 간단실험

준비물 : 플라스틱 구슬, 쇠구슬, 전자저울, 비커, 물

① 부피가 큰 플라스틱 구슬과 작은 쇠구슬을 준비한다.

② 두 구슬의 질량을 측정한다.

③ 두 구슬을 물에 넣어 가라앉는 정도를 비교한다.

○ 생각해보기★★

물에 넣은 장난감 중 물에 뜨는 것과 가라앉는 것의 차이는 무엇일까?

정답 및 해설 **05쪽**

**개념확인 2** 어떤 물질의 단위 부피에 대한 질량을 무엇이라고 하는가?

**확인 + 2** 어떤 액체의 부피는 10 mL 이고, 질량은 8 g 이다. 이 액체의 밀도는 얼마인가?

(　　　　　) g/mL

**미니사전**

밀도 일정한 공간 속의 물질의 빽빽한 정도

단위 부피 기본적인 단위가 되는 부피

● 용질, 용매, 용액

소금(용질)을 물(용매)에 녹이면(용해) 소금물(용액)이 된다.

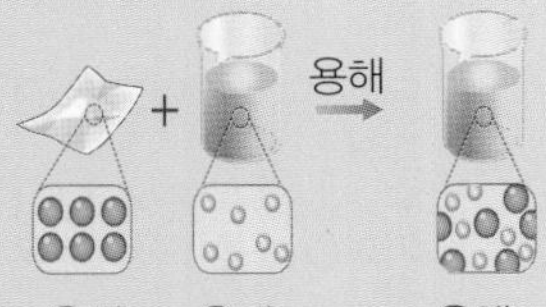


● 생각해보기★★★

커피는 뜨거운 물과 차가운 물 중 어느 곳에서 더 빨리 녹을까?

## 3. 용해도 1

**(1) 용해** : 물질이 다른 물질에 녹아 고르게 섞이는 현상이다.

① 용해 과정에서 부피는 조금 줄어든다.

② 용해 과정에서 질량은 일정하다.

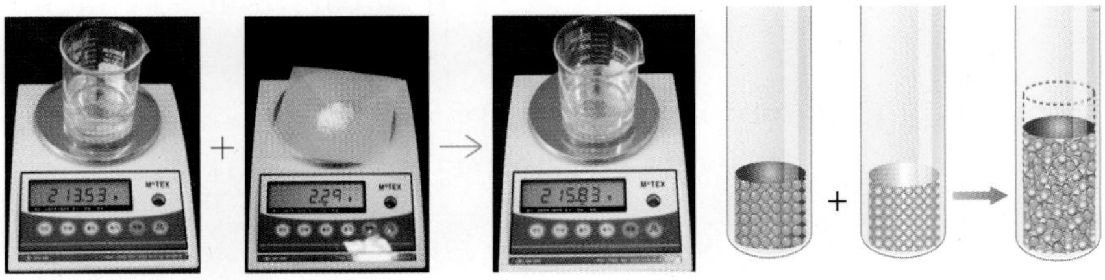


▲ 입자의 수는 변하지 않아 질량은 일정하고, 작은 입자가 큰 입자 사이에 끼어들어 부피는 줄어든다.

**(2) 용해도** : 일정한 온도에서 물 100 g 에 최대로 녹을 수 있는 용질의 g 수

① 일정한 온도에서 녹는 물질에 따라 용해도는 다르다.

② 같은 물질이라도 온도에 따라 다르다.

③ 같은 온도, 같은 용매에서 용해도는 물질마다 다르므로 물질의 특성이 된다.

**(3) 고체의 용해도** : 온도가 높을수록 증가한다.

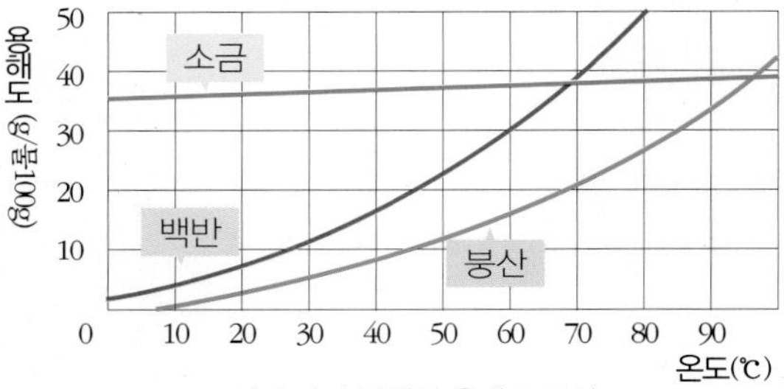


▲ 여러 가지 물질의 용해도 곡선

**개념확인 3** 다음 빈칸에 알맞은 말을 〈보기〉에서 찾아 넣으시오.

〈 보기 〉

용해 용매 용질 용액 용해도

(1) 어떤 물질이 다른 물질에 녹아 고르게 섞이는 현상을 (　　　) 라고 한다.

(2) 일정한 온도에서 용매 100 g 에 최대로 녹을 수 있는 용질의 g 수를 (　　　) 라고 한다.

**확인 + 3** 다음 〈보기〉 중 물질의 특성이 될 수 있는 것을 모두 고르시오.

〈 보기 〉

질량 부피 밀도 용해도

**미니사전**

용해도 용해되는 정도. 용해도가 클수록 물에 많이 녹는다는 의미이다.

## 4. 용해도 2

**(1) 용해도 곡선** : 온도 변화에 따른 물질의 용해도 변화를 그래프로 나타낸 것이다.

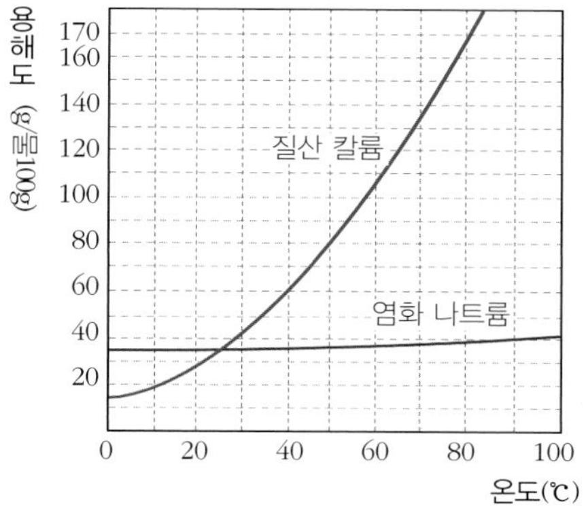


· 질산 칼륨
- 40℃ 물 100 g 에는 약 60 g 이 녹는다.
- 80℃ 물 100 g 에는 약 170 g 이 녹는다.

· 염화 나트륨은 온도에 따른 용해도 변화가 작다.

**(2) 기체의 용해도** : 온도가 낮을수록 압력이 높을수록 증가한다.

▲ 얼음물과 50℃의 물에서 탄산음료의 기체 발생

· 기체의 용해도가 감소하면 탄산음료에 녹아 있던 이산화 탄소가 빠져나오기 때문에 기포가 발생한다.

· 온도가 높을수록 이산화 탄소의 용해도가 작기 때문에 기포가 더 많이 발생한다.

간단실험
준비물 : 탄산음료

탄산음료에서 올라오는 기포를 관찰해 보자.

생각해보기★★★★
탄산음료는 높은 압력에서 이산화 탄소를 녹인 수용액이다. 탄산음료의 톡 쏘는 맛은 온도와 상관이 있을까?

**개념확인 4** 다음 빈칸에 알맞은 말을 〈보기〉에서 찾아 넣으시오.

정답 및 해설 05쪽

〈 보기 〉
온도 압력 농도 끓는점

(1) 일반적으로 고체는 (         )이(가) 높을수록 잘 용해된다.
(2) 기체는 (         )이(가) 낮을수록, (         )이(가) 높을수록 잘 용해된다.

**확인 + 4** 다음 〈보기〉의 물 중 이산화 탄소가 가장 잘 녹는 것의 기호를 쓰시오.

〈 보기 〉
(가) 1기압, 0℃ 의 물
(나) 1기압, 50℃ 의 물
(다) 2기압, 0℃ 의 물

# 개념 다지기

**01** 다음 중 물질의 부피를 측정하는 방법으로 옳지 <u>않은</u> 것은?

① 액체는 눈금실린더에 넣어서 측정한다.
② 일정한 모양의 고체는 길이를 측정하여 부피를 계산한다.
③ 상자의 부피는 가로, 세로, 높이를 자로 측정한 후, 곱하여 계산한다.
④ 물에 뜨는 코르크 마개는 물이 들어 있는 눈금실린더에 띄워 부피를 측정한다.
⑤ 나사는 실에 묶어서 물이 들어 있는 눈금실린더에 넣어 늘어난 물의 부피를 측정한다.

**02** 다음 중 질량에 대한 설명으로 옳은 것을 <u>모두</u> 고르시오.(2개)

① 물질의 고유한 양이다.
② 눈금실린더로 측정한다.
③ 단위로 g, kg, L 를 사용한다.
④ 측정 장소에 관계없이 일정하다.
⑤ 지구가 물체를 끌어당기는 힘이다.

**03** 다음 중 밀도에 대한 설명으로 옳지 <u>않은</u> 것은?

① 밀도는 단위 부피에 대한 질량이다.
② 밀도는 물질에 따라 고유한 값을 가진다.
③ 밀도의 단위는 $g/cm^3$, g/mL 등을 사용한다.
④ 질량이 같을 때, 부피가 증가해도 밀도는 변하지 않는다.
⑤ 밀도가 큰 물질은 밀도가 작은 물질 아래로 가라앉는다.

**04** 물 80 mL 에 에탄올 40 mL 를 섞은 혼합 용액의 부피는 120 mL 보다 작다. 그 이유는 무엇인가?

① 물 분자의 수가 줄었기 때문에
② 에탄올 분자의 수가 늘었기 때문에
③ 물과 에탄올 분자의 모양이 변했기 때문에
④ 물 분자와 에탄올 분자가 반응하여 없어졌기 때문에
⑤ 에탄올 분자 사이의 틈으로 물 분자가 끼어들었기 때문에

**05** 다음 중 콜라의 병마개를 열 때 발생하는 기포에 대한 설명으로 옳은 것은?

① 콜라와 공기가 반응하여 생긴 것이다.
② 콜라 속에 녹아 있던 설탕 성분과 공기가 반응하여 생긴 것이다.
③ 콜라 속의 이산화 탄소와 공기 중의 산소가 반응하여 생긴 것이다.
④ 공기 중의 이산화 탄소가 콜라 속으로 녹아 들어가는 것이다.
⑤ 콜라 속에 녹아 있던 이산화 탄소가 압력이 낮아져서 빠져 나오는 것이다.

**06** 용해도에 대한 설명 중 옳은 것을 모두 고르시오.(3개)

① 용해도를 이용해 물질을 구별할 수 있다.
② 기체의 용해도는 온도와 압력의 영향을 받는다.
③ 같은 물질은 어느 온도에서나 용해도가 일정하다.
④ 고체와 기체의 용해도는 온도가 높을수록 증가한다.
⑤ 일정한 온도에서 용매 100 g에 최대로 녹을 수 있는 용질의 g 수 이다.

## [유형16-1] 밀도 1

다음 〈보기〉는 질량과 부피에 대한 설명이다. 〈보기〉의 설명 중 옳은 것을 모두 고른 것은?

〈 보기 〉

ㄱ. 질량과 부피는 물질의 특성이다.
ㄴ. 질량은 물질이 차지하는 공간의 크기이다.
ㄷ. 기체의 부피는 온도와 압력에 따라 달라진다.
ㄹ. 질량은 양팔저울이나 윗접시저울로 측정한다.

① ㄱ, ㄴ ② ㄱ, ㄷ ③ ㄴ, ㄷ ④ ㄴ, ㄹ ⑤ ㄷ, ㄹ

Tip!

**01** 다음 〈보기〉 중에서 모양이 불규칙한 금속 조각의 부피를 측정할 때, 필요한 것을 모두 골라 기호로 쓰시오. (단, 이 금속은 물에 녹지 않는다)

〈 보기 〉

| | | |
|---|---|---|
| ㄱ. 물 | ㄴ. 자 | ㄷ. 시험관 |
| ㄹ. 눈금실린더 | ㅁ. 분동 | ㅂ. 양팔저울 |

**02** 윗접시 저울로 어떤 물체의 질량을 측정하였다. 아래 그림과 같이 접시 위에 분동을 올려놓았을 때 저울이 수평을 이루었다. 이 물체의 질량은 몇 g 인가?

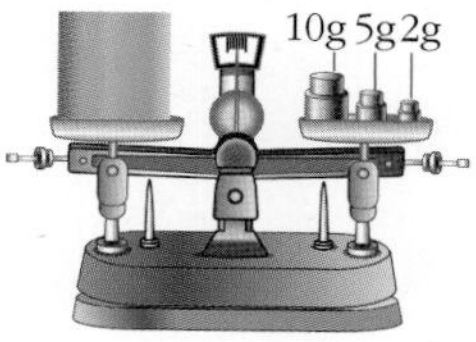


(　　　　　)g

정답 및 해설 06쪽

## [유형16-2] 밀도 2

다음 표는 가정용 연료로 사용되는 LNG, LPG와 공기의 밀도를 나타낸 것이다.

(20℃ , 1기압)

| 물질 | LNG | LPG | 공기 |
|---|---|---|---|
| 밀도($g/cm^3$) | 0.0007 | 0.0018 | 0.0013 |

위의 표를 보고 다음 ㉠, ㉡에서 옳은 것을 고르시오.

LNG 가스는 밀도가 공기보다 작기 때문에 LNG 가스 누출 경보기를 ㉠( 바닥 쪽, 천장 쪽 )에 설치해야 한다. 반대로 LPG 가스는 밀도가 공기보다 크기 때문에 LPG 가스 누출 경보기를 ㉡( 바닥 쪽, 천장 쪽 )에 설치해야 한다.

**03** 오른쪽 그림을 보고 (가)~(다)를 밀도가 큰 것부터 순서대로 나열하시오.

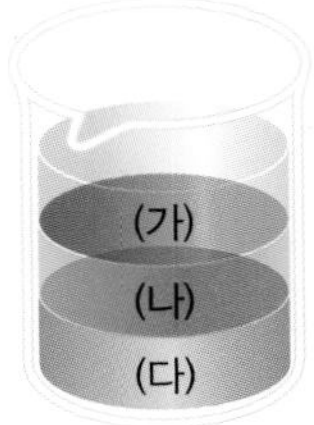


**Tip!**

**04** 한 변의 길이가 2 cm 인 정육면체의 질량이 24 g 이다.

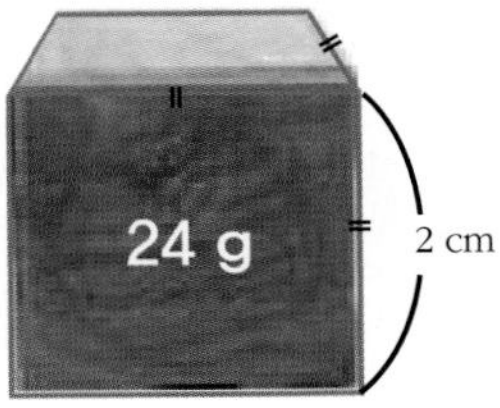


(1) 이 물체의 부피를 구하시오.

( ) $cm^3$

(2) 이 물체의 밀도를 구하시오.

( ) $g/cm^3$

## [유형16-3] 용해도 1

다음 그림과 같이 물질 A와 B가 고르게 섞일 때, 질량과 부피의 관계로 옳은 것은?

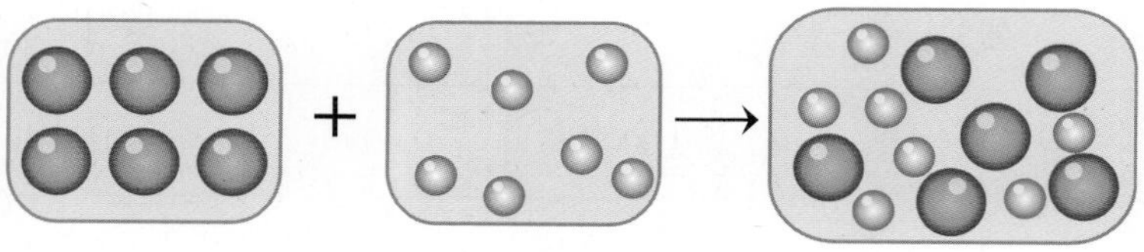


| | 질량 | 부피 | | 질량 | 부피 |
|---|---|---|---|---|---|
| ① | A + B = C | A + B = C | ② | A + B = C | A + B>C |
| ③ | A + B = C | A + B<C | ④ | A + B>C | A + B>C |
| ⑤ | A + B<C | A + B<C | | | |

**Tip!**

## 05

다음 빈칸에 알맞은 말을 〈보기〉에서 찾아 쓰시오.

〈 보기 〉

용해, 용매, 용질, 용액

다른 물질을 녹이는 물질을 ㉠(　　　　)라 하고, 녹는 물질을 ㉡(　　　　)이라 한다. 녹는 과정을 ㉢(　　　　)라고 하며 두 물질이 골고루 섞여있는 상태를 ㉣(　　　　)이라 한다.

## 06

다음 중 비커 속 물에 소금을 빨리 녹일 수 있는 방법으로 옳은 것은?

① 압력을 낮춰준다.
② 압력을 높여준다.
③ 물의 온도를 낮춰준다.
④ 물의 온도를 높여준다.
⑤ 소금의 온도를 낮춰준다.

## [유형16-4] 용해도 2

다음 그래프는 몇 가지 물질의 용해도 곡선을 나타낸 것이다. 이 그래프에 대한 설명으로 옳지 않은 것은?

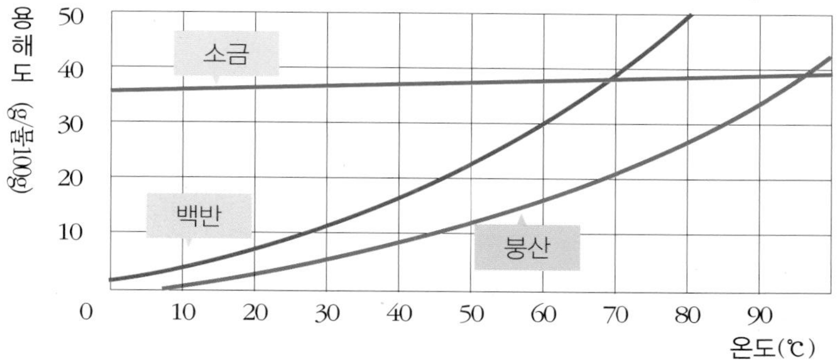


① 0℃ 물에는 소금은 녹지 않는다.
② 30℃ 물에는 세 물질 중 소금이 가장 많이 녹는다.
③ 용해도는 물질의 종류에 따라 다르다.
④ 소금은 온도에 따른 용해도 변화가 작다.
⑤ 온도가 높아지면 용해도는 대체로 증가한다.

**07** 물에 이산화 탄소를 녹일 때 가장 많이 녹일 수 있는 온도와 압력을 차례대로 짝지은 것은?

① 5℃, 1기압　② 10℃, 1기압　③ 20℃, 1기압
④ 5℃, 2기압　⑤ 20℃, 2기압

**08** 더운 여름날 호수의 물고기가 수면까지 올라와 입을 뻐끔거리는 이유로 옳은 것은?

① 수온이 높아지면 물의 밀도가 증가해서
② 수온이 높아지면 물의 밀도가 감소해서
③ 수온이 높아지면 물의 부피가 증가해서
④ 수온이 높아지면 산소의 용해도가 감소해서
⑤ 수온이 높아지면 산소의 용해도가 증가해서

**Tip!**

# 창의력 & 토론마당

**01** 아르키메데스는 왕관이 순금으로 만들어졌는지 알아보라는 왕의 명령을 받고 고민하던 중, 목욕탕에서 물이 넘쳐 흐르는 것을 보고 그 방법을 생각해 냈다는 일화로 유명하다.

아르키메데스는 질량이 같은 왕관과 순금을 같은 양의 물이 담긴 수조에 넣은 뒤 넘친 물의 부피를 비교하였다.

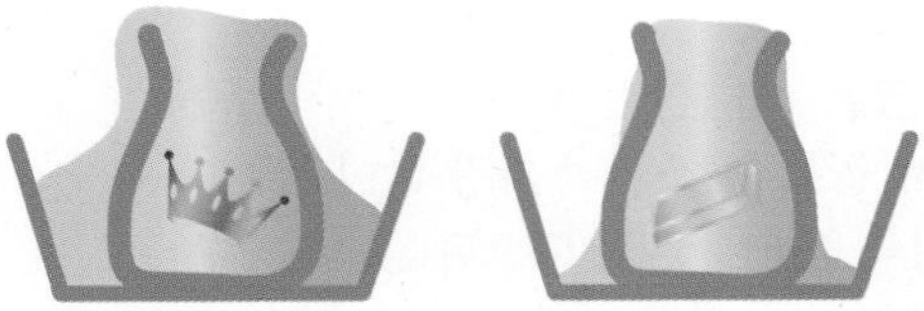

그 결과 왕관이 담긴 수조에서 더 많은 물이 넘쳐흘러 왕관이 진짜 순금으로 만들어지지 않았다는 것을 알아냈다. 아르키메데스가 왕관이 순금이 아니라고 한 이유는 무엇인지 서술해 보시오.

## 02

다이어트 콜라는 물에 뜨는 반면에 일반 콜라는 물에 가라앉는다. 그 이유는 무엇일지 생각해 보자. (단, 두 콜라의 용량은 모두 250 mL 이다.)

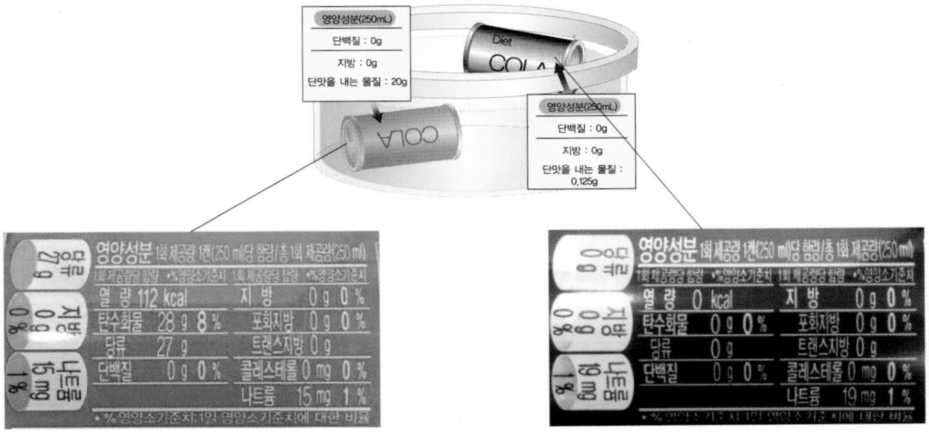


## 03

영화 〈007 언리미티드〉에서 007은 비밀 무기인 보트를 타고 물속으로 잠수를 하며 범인을 쫓는 장면이 나온다. 물의 밀도는 1 $g/cm^3$ 이고, 철의 고체 상태 밀도는 약 8 $g/cm^3$ 으로 물보다 훨씬 크다. 철로 만든 보트가 물에 뜨게 하기 위해서는 배를 어떤 모양으로 해야 할지 생각해 보자.

**04** 잠수부의 산소 탱크 안에는 산소를 희석시키는 용도로 질소가 들어 있다. 깊은 물속에 들어간 잠수부가 공기를 호흡하면 질소가 수면 밖에서 보다 쉽게 혈액 안으로 들어가 질소 마취 현상을 일으키게 되어 사고력, 판단력, 기억력 감퇴 현상이 나타나게 된다. 또한, 잠수부가 오랜 시간 동안 깊은 물속에 있다가 갑자기 물 밖으로 나오게 되면 혈액, 뼈, 신경 등의 신체 조직 안의 질소가 기포 형태로 방출되어 혈관을 막는데 이러한 병을 '잠수병'이라고 한다. 이를 방지하기 위해서는 잠수부는 잠수 후 서서히 수면으로 올라와야 한다.

만약 잠수병에 걸렸을 경우, 어떠한 방법으로 병을 치료할 수 있을까?

정답 및 해설 07쪽

**05** 중국에서 한 네티즌이 인터넷에 6살 난 아들이 캔에 든 콜라를 따려다 일어난 폭발로 얼굴이 찢어져 38바늘이나 꿰맸다는 글을 올렸다. 6살 소년이 빨리 시원해지길 바라며 냉동실에 넣어 뒀던 콜라를 따려고 마개를 여는 순간 캔이 폭발해 그 파편에 얼굴을 심하게 다쳤다는 내용이었다. 아이의 엄마는 다른 아이들도 이 같은 일을 당하지 않았으면 하는 마음에 안전을 위해 절대 콜라를 냉동실에 넣지 말라고 볼을 꿰맨 아들의 사진과 함께 글을 올렸다. 냉동실에 넣어 두었던 콜라를 꺼내어 마개를 열 때 콜라가 폭발하는 이유는 무엇 때문인지 적어 보시오.

# 스스로 실력 높이기

**01** 다음 중 부피의 단위에는 '부' 질량의 단위에는 '질' 이라고 표시하시오.

(1) mL ( )

(2) g ( )

(3) L ( )

(4) $cm^3$ ( )

**02** 다음 〈보기〉에서 밀도에 대한 설명으로 옳은 것을 모두 고르시오.

〈 보기 〉

ㄱ. 물질의 특성으로 다른 물질과 구별된다.
ㄴ. 밀도가 작은 물질은 밀도가 큰 물질 아래로 가라앉는다.
ㄷ. 질량이 같을 때 부피가 커질수록 밀도도 커진다.

**03** 물의 밀도는 1 $g/cm^3$ 이다. 다음 〈보기〉 중에서 물에 넣었을 때 물에 뜨는 것을 고르시오.

〈 보기 〉

ㄱ. 당근 ( 밀도 : 1.03 $g/cm^3$ )
ㄴ. 사과 ( 밀도 : 0.76 $g/cm^3$ )
ㄷ. 감자 ( 밀도 : 1.08 $g/cm^3$ )

**04** 다음 그림은 여러 가지 액체와 고체 물질을 비커에 넣었을 때의 모습을 나타낸 것이다. 밀도가 큰 것부터 부등호( >, <, =)를 이용하여 순서대로 쓰시오.

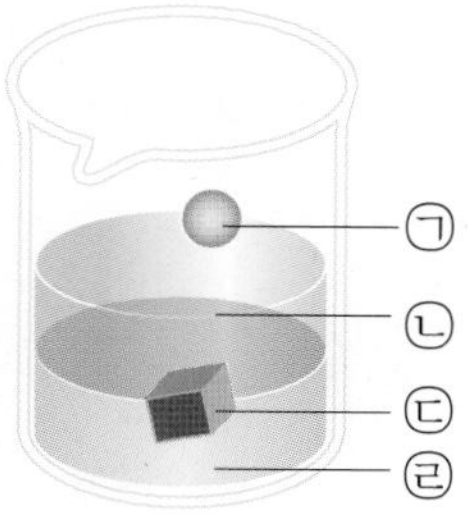


**05** 다음 빈칸에 알맞은 말을 〈보기〉에서 찾아 쓰시오.

〈 보기 〉

압력 밀도 온도 농도

기체의 용해도를 나타낼 때에는 반드시 ㉠( ) 와/과 ㉡( )을/를 함께 표시해야 한다.

**06** 다음 빈칸에 알맞은 말을 〈보기〉에서 찾아 쓰시오.

〈 보기 〉

증가 감소 일정

고체가 액체에 용해될 때 전체 부피는 ㉠( ) 하고, 전체 질량은 ㉡( ) 하다(한다).

**07** 다음 그림과 같이 소금이 들어 있는 시험관에 물을 넣었을 때, 시간이 지나면서 일어나는 용액의 높이 변화에 대해 옳은 것을 〈보기〉에서 찾아 기호로 쓰시오.

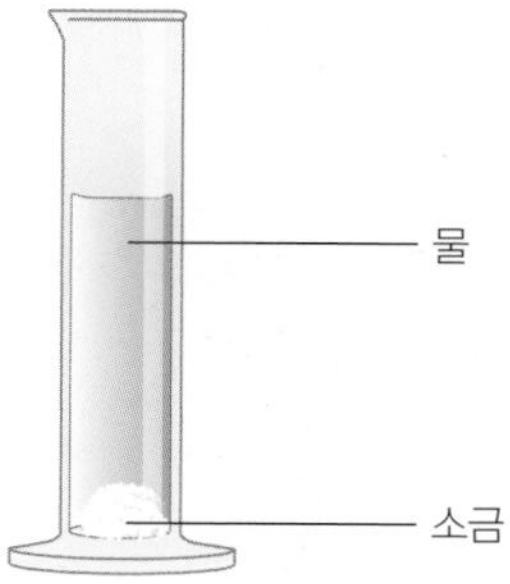


〈 보기 〉

ㄱ. 용액의 높이는 변화없다.
ㄴ. 용액의 높이가 낮아진다.
ㄷ. 용액의 높이가 높아진다.

**08** 다음 〈보기〉에서 콜라에 더 많은 이산화 탄소를 녹일 수 있는 방법을 모두 고르시오.

〈 보기 〉
ㄱ. 온도를 높인다. ㄴ. 온도를 낮춘다.
ㄷ. 압력을 높인다. ㄹ. 압력을 낮춘다.

**[09~10]** 다음 그림과 같이 시험관에 사이다를 같은 양씩 넣고 얼음물, 20℃ 물, 50℃ 물이 든 비커에 각각 담근 후, 기포가 발생하는 정도를 관찰하였다.

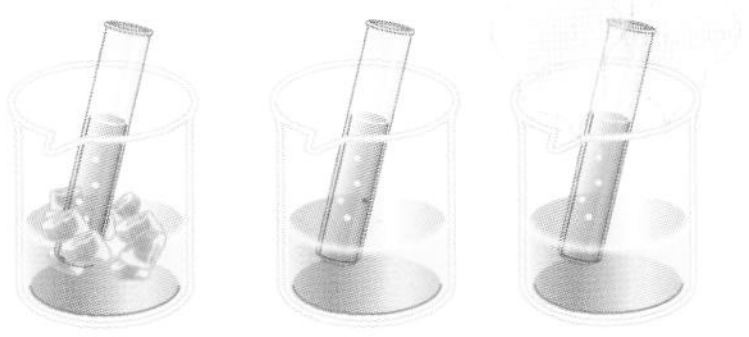


**09** 어느 시험관에서 기포가 가장 많이 발생하는가?

**10** 빈칸 안의 내용 중 옳은 것을 고르시오.

(가)의 시험관을 더운물로 옮기면 기포의 수는 ( 증가, 감소 ) 한다.

**11** 다음 〈보기〉 중 밀도에 대한 설명으로 옳은 것을 모두 고른 것은?

〈 보기 〉
ㄱ. 물질의 특성이다.
ㄴ. 부피를 질량으로 나누어서 계산한다.
ㄷ. 단위는 $g/cm^3$, g/mL 를 사용한다.

① ㄱ ② ㄴ ③ ㄷ
④ ㄱ, ㄷ ⑤ ㄴ, ㄷ

**12** 다음 그림은 여러 가지 물질을 컵에 담았을 때의 모습을 나타낸 것이다. 그림을 보고 밀도를 비교할 때 다음 설명 중 옳은 것은?

① 수은은 물보다 밀도가 크다.
② 동전은 포도알보다 밀도가 작다.
③ 코르크 마개의 밀도가 가장 크다.
④ 포도알을 반으로 자르면 가라앉는다.
⑤ 고체와 액체의 밀도는 비교할 수 없다.

**13** 다음 그림은 질량이 20 g 인 금속 조각을 실에 매달아 50 mL 의 물이 들어 있는 눈금 실린더에 넣었을 때의 변화를 나타낸 것이다. 이 금속 조각의 밀도는 얼마인가?

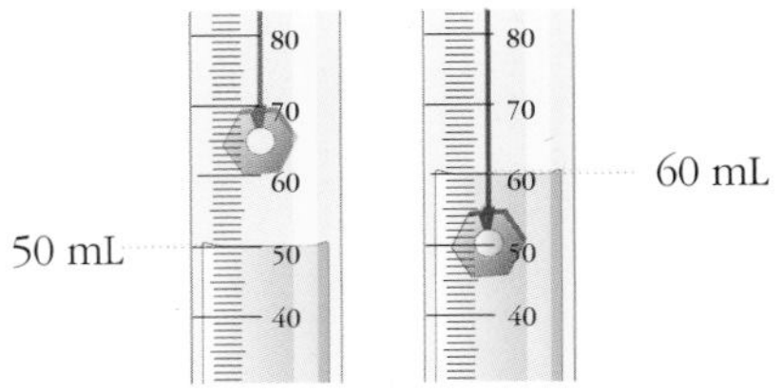


① 1 g/mL ② 2 g/mL ③ 10 g/mL
④ 20 g/mL ⑤ 0.2 g/mL

**14** 다음 그림은 질량이 10.5 g 인 철 조각을 실에 매달아 물이 들어 있는 눈금실린더에 넣었을 때의 모습을 나타낸 것이다. 처음 눈금 실린더에 들어 있었던 물의 부피가 45 mL 일 때, 이 철 조각의 밀도는?

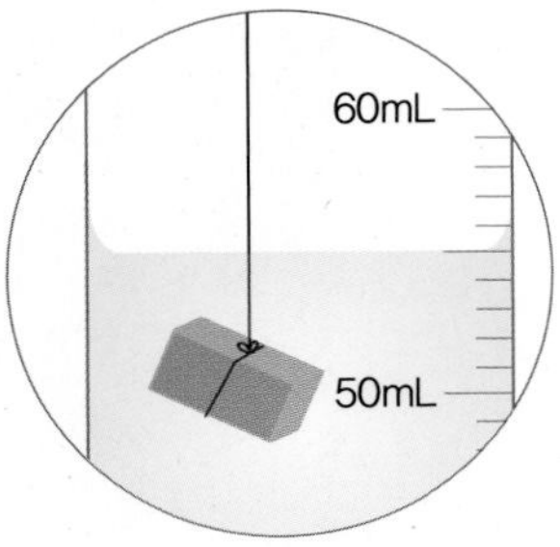


① 1.05 g/mL ② 10.5 g/mL ③ 105 g/mL
④ 100 g/mL ⑤ 200 g/mL

**15** 다음 중 밀도를 작게 만들어 이용하는 경우를 모두 고르시오.(2개)

① 입으로 분 풍선은 바닥으로 가라앉는다.
② 열기구를 이용하여 하늘 높이 비행한다.
③ LPG 가스 누출 경보기는 아래쪽에 설치한다.
④ 구명 조끼를 입으면 물속으로 가라앉지 않는다.
⑤ 해녀들은 허리에 차는 납덩어리를 매달고 물속으로 들어간다.

**16** 다음 그림은 어떤 물질 X의 용해도 곡선이다. 50℃의 물 200 g 에 최대한 녹을 수 있는 이 물질 X의 양은 몇 g 일까?

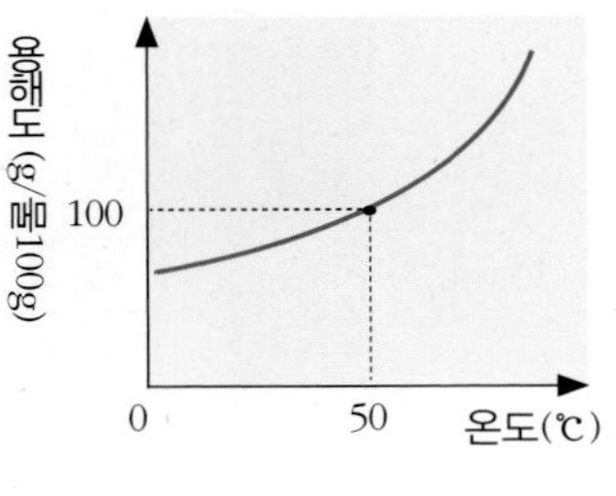


① 50 g ② 100 g ③ 200 g
④ 300 g ⑤ 400 g

**17** 아래 그림과 같이 주사기에 사이다를 넣고 입구를 막은 후 피스톤을 당길 때 주사기 안 액체의 변화로 옳은 것을 모두 고르시오.(2개)

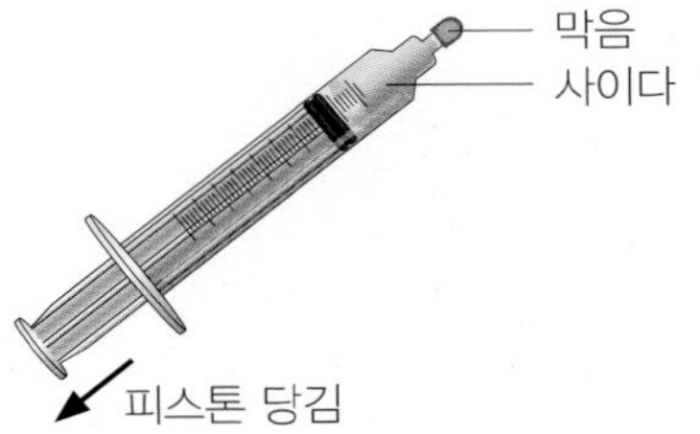


① 사이다의 기포 수가 증가한다.
② 사이다의 기포 수가 감소한다.
③ 사이다에 녹아 있는 기체의 용해도가 증가한다.
④ 사이다에 녹아 있는 기체의 용해도가 감소한다.
⑤ 아무런 변화가 없다.

**18** 다음 〈보기〉와 같은 두 가지 현상이 일어나는 원인으로 옳은 것은?

〈 보기 〉
- 더운 여름철에 어항의 물고기가 수면으로 올라와서 뻐끔거린다.
- 먹다 남은 사이다를 상온에 오래 두면 톡 쏘는 맛이 느껴지지 않는다.

① 온도가 높아지면 기체의 부피가 커지기 때문에
② 압력이 높아지면 기체의 용해도가 증가하기 때문에
③ 압력이 낮아지면 기체의 용해도가 증가하기 때문에
④ 온도가 높아지면 기체의 용해도가 감소하기 때문에
⑤ 기체의 용해도는 압력과 온도에 상관없이 일정하기 때문에

**19** 다음 그래프 중 고체의 용해도와 온도의 관계를 가장 바르게 나타낸 것은?

①
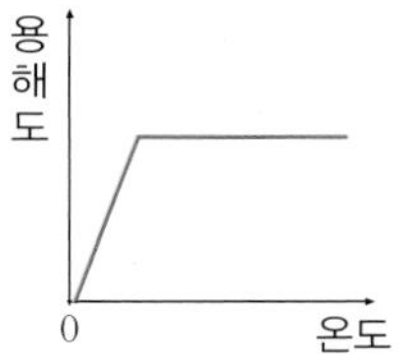


②
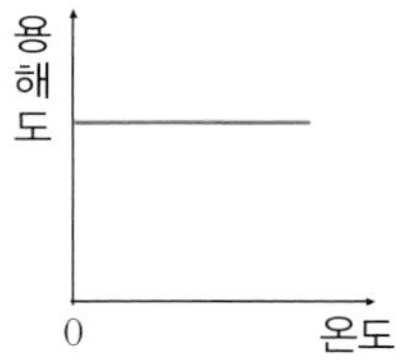


③
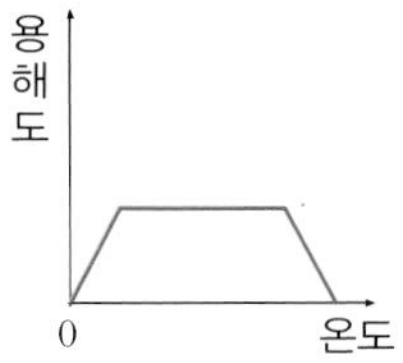


④
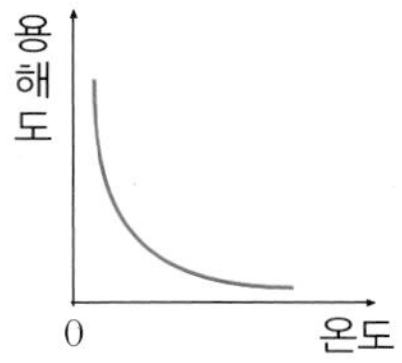


⑤
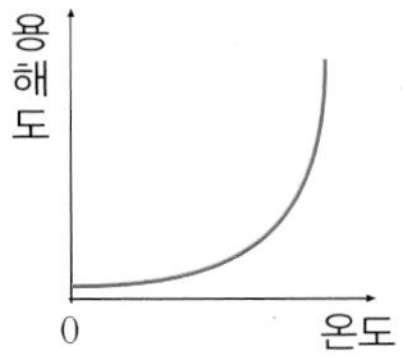


**20** 다음 그래프는 고체의 용해도 곡선이다.

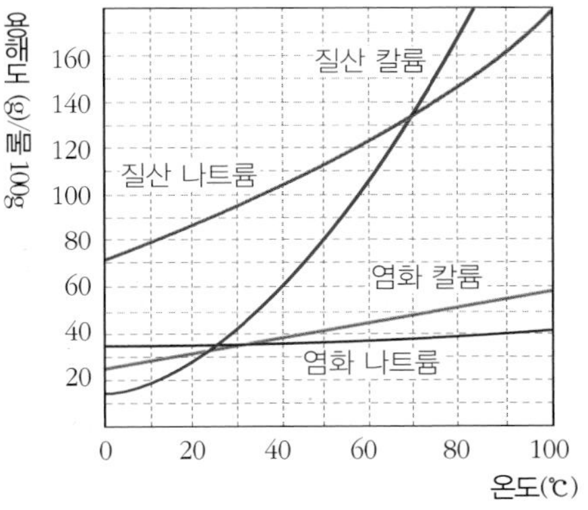


위 그래프에 대한 설명으로 옳은 것은?

① 40℃에서 질산 칼륨의 용해도는 60이다.
② 20℃에서 염화 칼륨의 용해도가 가장 크다.
③ 80℃에서 용해도가 가장 큰 것은 염화 나트륨이다.
④ 60℃에서 질산 칼륨과 질산 나트륨의 용해도는 같다.
⑤ 온도에 따라 용해도의 변화가 가장 큰 물질은 염화 칼륨이다.

## 창의력 서술

**21** 철로 만든 배가 물 위에 뜨는 원리를 밀도와 관련지어 서술해 보자. (단, 철의 밀도는 7.9 g/cm³, 물의 밀도는 1 g/cm³, 공기의 밀도는 0.0012 g/cm³이다.)

**22** 아래 그림은 하늘 위로 날아가는 열기구를 나타낸 것이다. 열기구가 공중에 뜨는 원리를 밀도를 이용하여 서술해 보자.

# 17강. Project - 서술

# 밀도의 미스테리

어떤 영화를 보면 주인공이 정글을 지나다 모래 수렁에 빠진 후 빠져 나오지 못하는 경우가 나온다. 모래 수렁에  빠진 사람이 발버둥을 칠수록 몸은 점점 더 가라앉고 모래에 파묻혀 빠져 나오지 못한다.

▲ 영화 인디애나 존스의 한 장면

▲ 모래 수렁의 경고 팻말

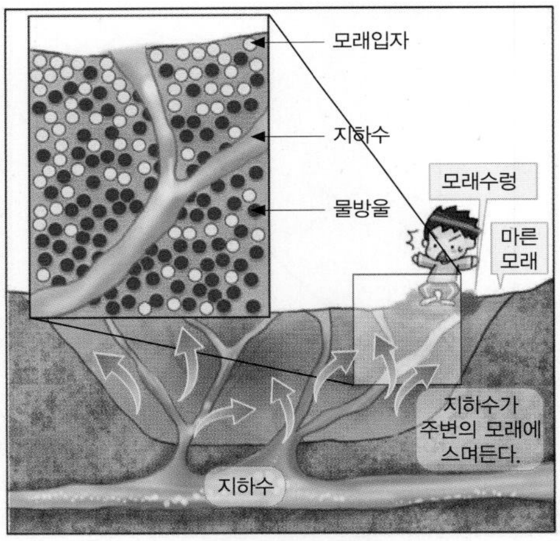


▲ 모래 수렁의 원리

모래 수렁은 정글이나 호숫가 또는 강이나 바닷가에서 찾아볼 수 있다. 모래 수렁은 영어로 퀵샌드(Quicksand)이다. 즉, 모래가 빠르게 움직인다는 뜻이다. 모래 위에 서 있으면 모래알 사이에 마찰력이 작용해 서로 흩어지지 않으려고 하기 때문에 어느 정도 깊이에서 멈춘다. 하지만 모래 수렁에 들어가면 발이 밑으로 쑥 빠진다. 모래에 물이 들어가면서 모래알들 사이의 마찰력이 사라져서 모래알들이 서로 미끄러져 사람의 몸무게를 지탱하지 못하기 때문이다.

정답 및 해설 08쪽

**Q1** 수지와 예원이 모래 수렁에 빠졌다. 수지는 가만히 서 있었고, 예원이는 빠져 나오기 위해 팔다리를 허우적거렸더니 예원이가 수지보다 모래 수렁에 더 많이 빠졌다. 그 이유는 무엇일지 추리해 보자.

모래 수렁에 들어가면 밑에서 무언가가 자신을 끌어당기는 듯이 발이 갑자기 땅속으로 쑥 빠지게 되는데 앞을 막은 주사기의 피스톤을 뒤쪽으로 뺄 때처럼 발을 빼기가 아주 힘들다. 모래 수렁에서 는 승용차 한 대를 끌어올리는 힘을 주어야 1 cm 빠져나올 수 있다.

만약 바닷가나 강가에서 모래 수렁에 빠지게 되면 어떻게 해야 할까?

넓은 판자를 이용해서 배처럼 타고 나오거나, 판자가 없다면 몸을 뒤로 눕히고 팔다리를 넓게 벌리면 곧 몸이 모래 수렁 위로 떠오르게 된다.

▲ 모래 수렁에서의 구조

▲ 모래 수렁에서 빠져 나오는 방법

**Q2** 모래 수렁에서 몸을 눕히면 빠져 나올 수 있는 이유를 다음 자료를 바탕으로 추리 해보자.

물의 밀도가 1이라고 하면 모래 수렁의 밀도는 2이다.

# Project - 탐구

## [탐구-1] 고체의 밀도 측정

준비물 | 3가지 종류의 물체, 물, 눈금실린더, 저울, 수조, 비커

① 3종류의 물체를 준비한다.

**질량 측정** 질량을 정확히 측정하기 위해 윗접시저울을 사용한다.

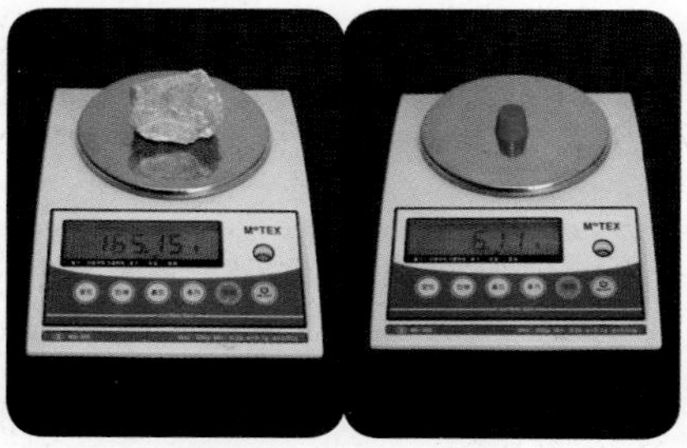

② - 1 물체의 무게를 잰다.

② - 2 모래는 비커와 함께 무게를 잰 후 비커의 무게를 뺀다.

**부피 측정**

③ - 1 눈금실린더에 50mL의 물을 넣고 물체를 넣어 물체의 부피를 측정한다.

③ - 2 눈금실린더에 들어가지 않는 물체의 경우 물을 가득 채운 비커를 수조 안에 넣고, 비커에 물체를 넣어 수조에 넘친 물을 모아서 부피를 잰다.

정답 및 해설 08쪽

탐구 결과

| 물체 이름 | | | |
|---|---|---|---|
| 질량(g) | | | |
| 부피(mL) | | | |
| 밀도(g/mL) $= \frac{질량}{부피}$ | | | |

탐구 문제

**1.** 물에 뜨는 고체의 부피를 측정하는 방법에는 어떠한 것이 있는지 쓰시오.

**2.** 다음 빈칸에 알맞은 말을 써 넣으시오.

밀도가 같으면 물질의 종류가 (            )

**3.** 종류를 모르는 물질 A, B, C의 질량과 부피를 측정하였더니 다음과 같았다. 물질 A, B, C 는 각각 무엇인가?

| 물질 | 밀도(g/mL) | 물질 | 밀도(g/mL) |
|---|---|---|---|
| 아세트산 | 1.05 | 금 | 19.3 |
| 황산 | 1.8 | 은 | 10.5 |
| 벤젠 | 0.879 | 알루미늄 | 2.7 |
| 수은 | 13.5 | 철 | 7.9 |

| 물질 | 질량(g) | 부피(mL) |
|---|---|---|
| A | 2.7 | 0.2 |
| B | 10.5 | 10 |
| C | 21.6 | 8 |

# Project - 탐구

## [탐구-2] 캔 콜라와 다이어트 캔 콜라의 비교

### 계획해서 실험하기

다음은 수조에 물을 채우고 캔 콜라와 다이어트 캔 콜라를 넣은 모습이다.

캔 콜라는 물에 가라앉고, 다이어트 캔 콜라는 물 위에 뜨는 것으로 보아 두 캔의 밀도의 크기는 콜라 > 물 > 다이어트 콜라 임을 알 수 있다.

콜라와 다이어트 콜라의 밀도는 얼마나 차이나는지 측정해 보자.

정답 및 해설 08쪽

### 콜라 밀도 측정시 주의할 점

콜라와 다이어트 콜라는 탄산음료이므로 캔을 여는 순간 기포가 날아가므로 캔에서 꺼내서 부피와 질량을 측정하면 캔에 들어 있던 실제 액체의 밀도와 다른 값을 갖게 된다.

### 측정 방법 계획 세우기

TIP
① 병에 들어 있는 음료수는 용량이 표시되어 있다.
② 콜라 캔의 질량을 측정한 경우, 그 질량은 캔과 캔 안에 들어 있는 콜라의 질량을 함께 측정한 것이다.

**1.** 캔 안에 들어 있는 액체의 부피를 측정하는 방법을 쓰시오.

**2.** 캔에 들어 있는 음료수의 질량을 기체 손실 없이 측정할 수 있는 방법을 쓰시오.

### 필요한 준비물 :

### 계획한 대로 실험한 후 콜라와 다이어트 콜라의 밀도를 계산하시오.

| | 콜라 | 다이어트 콜라 |
|---|---|---|
| 부피(mL) | | |
| 질량(g) | | |
| 밀도(g/mL) $= \frac{질량}{부피}$ | | |

# VI 물질의 분리

옷에 기름때가 묻었을 때 제거하는 방법은 무엇일까?

# 18강. 혼합물 분리 Ⅰ

## 1. 순물질과 혼합물

**소금물이 일반 물보다 끓는점이 더 높고, 어는점이 더 낮은 이유**

소금 입자 운동이 물의 기화를 방해하고, 물 분자가 얼음 결정이 되는 것을 방해하기 때문이다.

### (1) 순물질과 혼합물

| 순물질 | 혼합물 | |
|---|---|---|
| | 균일 혼합물 | 불균일 혼합물 |
| 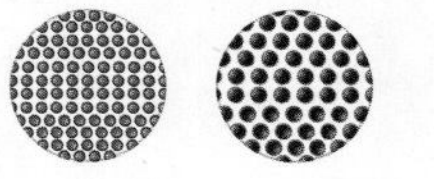 한 종류의 물질로만 이루어진 물질이다. |   두 종류 이상의 물질이 고르게 섞여 있다. | 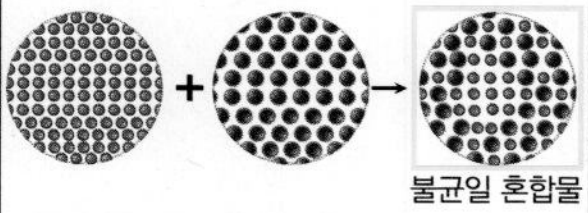  두 종류 이상의 물질이 고르게 섞여 있지 않다. |
| 산소, 수소, 물, 소금 | 설탕물(설탕 + 물), 공기, 바닷물, 식초, 탄산음료 | 흙탕물, 우유, 암석, 간장 |
| · 물질의 특성이 일정하다.<br>· 물리적인 방법으로 분리할 수 없다. | · 성분 물질의 성질을 그대로 가지고 있다.<br>· 물리적인 방법으로 분리할 수 있다. | |

### (2) 혼합물의 가열 곡선

**소금물의 가열 곡선에서 수평한 구간이 없는 이유**

· 가열 곡선

끓는점 이후에 물이 계속 기화하기 때문에 소금물의 농도가 점점 진해져 온도가 점점 증가한다.

· 냉각 곡선

소금물이 어는 동안 물만 얼기 때문에 소금물의 농도가 진해져 온도가 점점 내려간다.

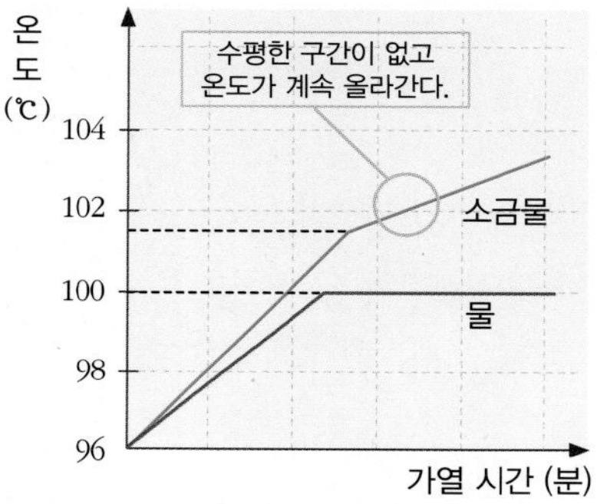


▲ 끓는점이 점점 높아진다

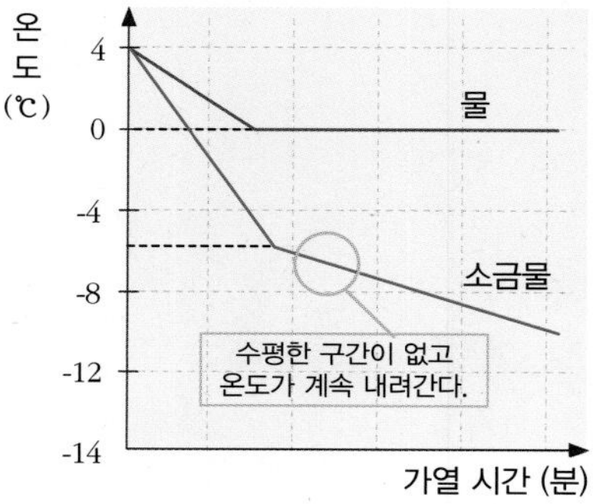


▲ 어는점이 점점 낮아진다

**개념확인 1** 다음 〈보기〉 중 순물질과 혼합물을 구별하는데 이용되는 물질의 성질을 있는대로 찾아 기호로 쓰시오.

〈 보기 〉

ㄱ. 촉감 ㄴ. 부피 ㄷ. 밀도 ㄹ. 용해도 ㅁ. 끓는점

**생각해보기★**

물 100 g 에 20 g 의 소금을 넣은 것과 30 g 의 소금을 넣은 것 중 어떤 소금물이 더 먼저 끓을까?

**확인 +1** ㉠~㉢ 중 물과 소금물의 가열 곡선을 각각 고르시오.

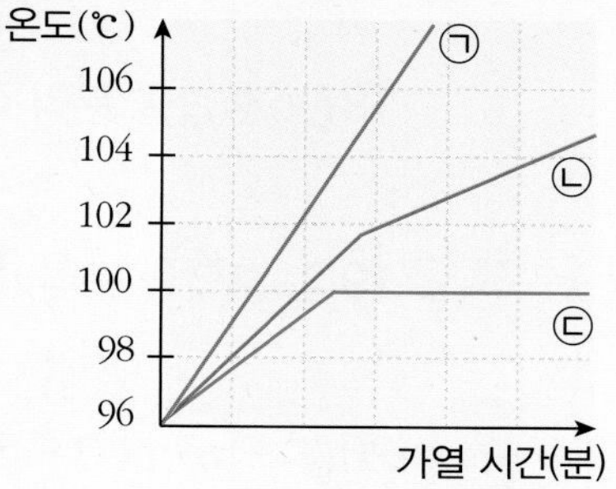


· 물 : (          )

· 소금물 : (          )

## 2. 밀도차 분리 1

### (1) 고체 혼합물의 분리

① 고체 물질을 모두 녹이지 않고, 두 물질의 중간 정도 밀도를 갖는 액체에 넣어 분리한다.

② 밀도가 큰 고체 물질은 아래로 가라앉고, 밀도가 작은 고체 물질은 위에 뜬다.

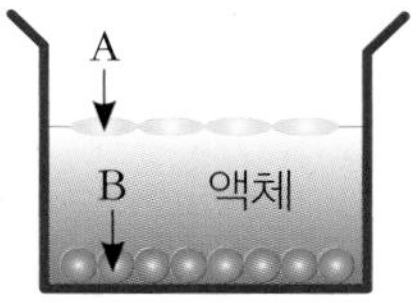

▲ 밀도 : B>액체>A

③ 밀도 차이를 이용한 고체 혼합물 분리의 예

| 신선한 달걀 고르기 | 좋은 볍씨 고르기 |
|---|---|
| 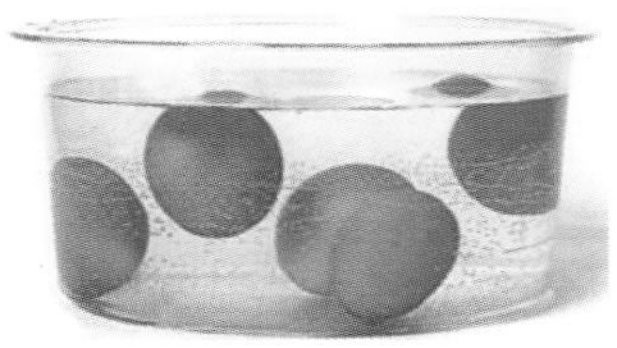 | 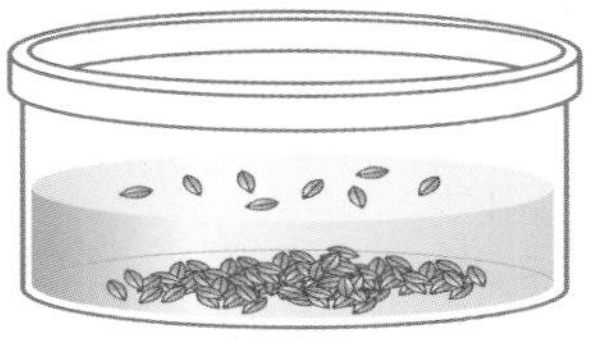 |
| 밀도 : 신선한 달걀>소금물>오래된 달걀 | 밀도 : 볍씨>소금물>쭉정이 |
| **사금 채취하기** | **키질하기** |
|  |  |
| 밀도 : 사금>모래<br>사금이 섞인 모래를 쟁반에 담아 흔들면 작은 모래는 쓸려 가고 밀도가 큰 사금만 남는다. | 밀도 : 곡물>쭉정이<br>키질을 하면 밀도가 작은 쭉정이는 날아가고, 밀도가 큰 곡물은 키 안쪽에 남는다. |

**간단실험**

**플라스틱 구슬과 유리 구슬 분리하기**

준비물 : 크기가 같은 플라스틱 구슬과 유리 구슬, 수조, 물

수조에 물을 채운 뒤, 같은 크기의 구슬을 물에 넣어 물에 뜨는 것과 가라앉는 구슬로 분리한다.

정답 및 해설 09쪽

**개념확인 2** 스타이로폼과 모래의 혼합물을 물에 넣었더니 스타이로폼은 물에 뜨고 모래는 물에 가라앉았다. 이와 같이 스타이로폼과 모래의 분리에 이용된 물질의 특성은 무엇인가?

① 부피 ② 질량 ③ 밀도
④ 끓는점 ⑤ 녹는점

**확인 +2** 밀도 차를 이용한 고체 혼합물의 분리 방법에 대한 설명으로 옳은 것은 ○표, 옳지 않은 것은 ×표 하시오.

(1) 볍씨를 소금물에 담그면 속이 빈 쭉정이와 잘 여문 볍씨를 구분할 수 있다. ( )

(2) 고체 혼합물을 분리할 때, 두 고체 물질을 모두 녹이는 액체 물질을 사용한다. ( )

(3) 고체 혼합물을 액체에 넣었을 때, 액체보다 밀도가 큰 고체는 액체 아래로 가라앉고, 액체보다 밀도가 작은 고체는 액체 위로 뜬다. ( )

**미니사전**

사금 물가나 물 밑의 모래 또는 자갈 속에 섞인 금 알갱이

쭉정이 껍질만 있고 알맹이는 들어 있지 않은 열매

## 3. 밀도차 분리 2

### (1) 액체 혼합물의 분리

① 두 액체가 서로 섞이지 않고 밀도가 다를 경우, 밀도가 큰 물질은 아래로 가라앉고 밀도가 작은 물질은 위에 뜬다.

| 액체의 양이 적을 때 | 액체의 양이 많을 때 |
| --- | --- |
| 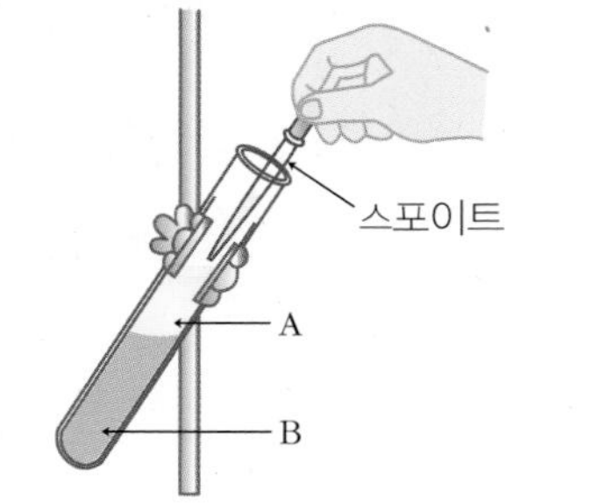  ▲ 스포이트 사용<br>위층의 액체를 스포이트로 뽑아낸다.<br>( 밀도 : B>A ) | 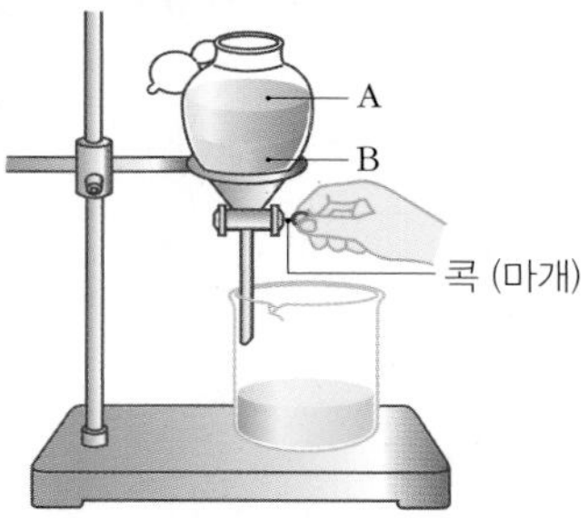  ▲ 분별 깔때기 사용<br>콕을 열어 아래층의 액체를 먼저 분리한다.<br>( 밀도 : B>A ) |

② 밀도 차이를 이용한 액체 혼합물 분리의 예

| 유출된 기름의 방지 | 원심 분리기 |
| --- | --- |
|  바닷물>기름<br>바다에 기름이 유출되면 기름막이를 설치하여 기름이 퍼지는 것을 방지한다. | 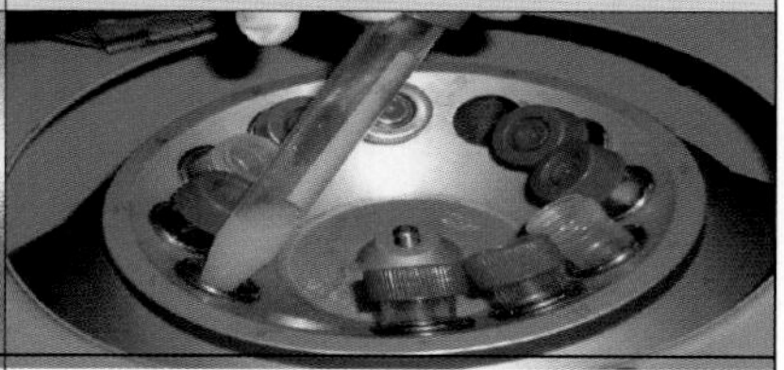 혈구>혈장<br>혈액을 원심 분리기에 넣고 회전하면 밀도가 큰 혈구와 밀도가 작은 혈장으로 분리된다. |

간단실험

**간장과 식용유 분리하기**

준비물 : 시험관, 간장, 식용유 , 스포이트

① 시험관에 간장과 식용유를 넣고 입구를 손으로 막은 후 잘 흔든다.

② 시험관을 세워둔 뒤 간장과 식용유가 층을 이루면 스포이트로 분리해 본다.

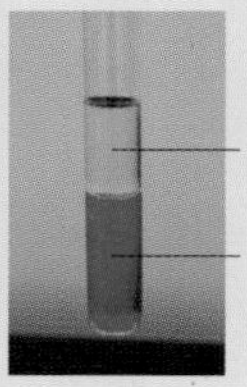


**분별 깔때기**

밀도 차이가 많이 나서 서로 섞이지 않는 액체를 분리하기 위해 사용하는 실험 도구

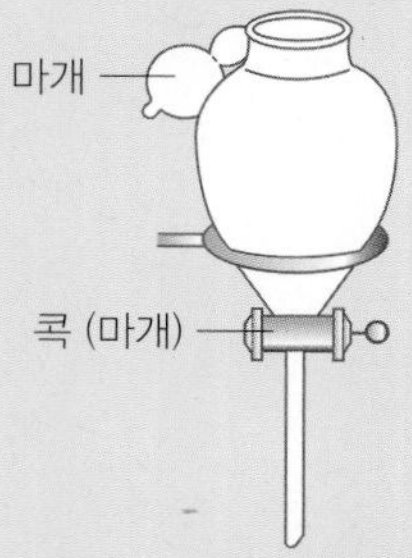


▲ 분별 깔때기

개념확인 3

밀도가 다른 액체의 혼합물을 분리할 때 사용하는 실험 기구를 두 가지 쓰시오.

확인 + 3

다음 그림과 같은 실험 장치를 이용하여 분리할 수 있는 액체 혼합물의 조건을 〈보기〉에서 모두 골라 기호로 쓰시오.

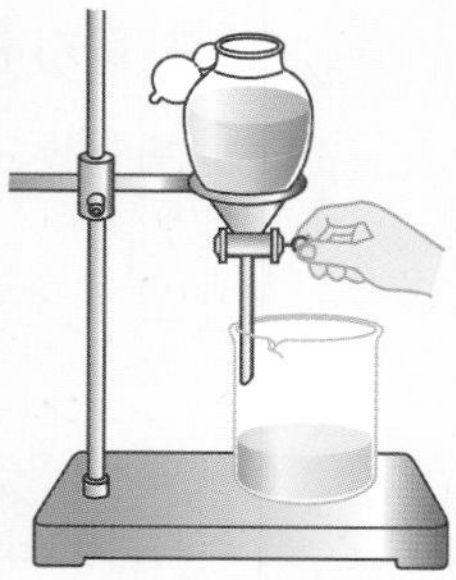

〈 보기 〉

ㄱ. 질량이 다르다. ㄴ. 밀도가 다르다.
ㄷ. 끓는점이 다르다. ㄹ. 서로 잘 섞이지 않는다.

**미니사전**

원심 분리기 원심력을 이용해 밀도가 차이나는 물질들을 분리하는 기계

혈장 혈액 속의 액체 성분

혈구 혈액 속에 함유된 세포. 적혈구, 백혈구, 혈소판 등이 있다.

## 4. 증류

**(1) 증류** : 두 가지 이상의 물질이 섞여 있는 혼합물을 가열할 때 끓는점의 차이로 나오는 기체를 다시 냉각시켜 순수한 액체를 얻는 방법

**(2) 증류 방법**

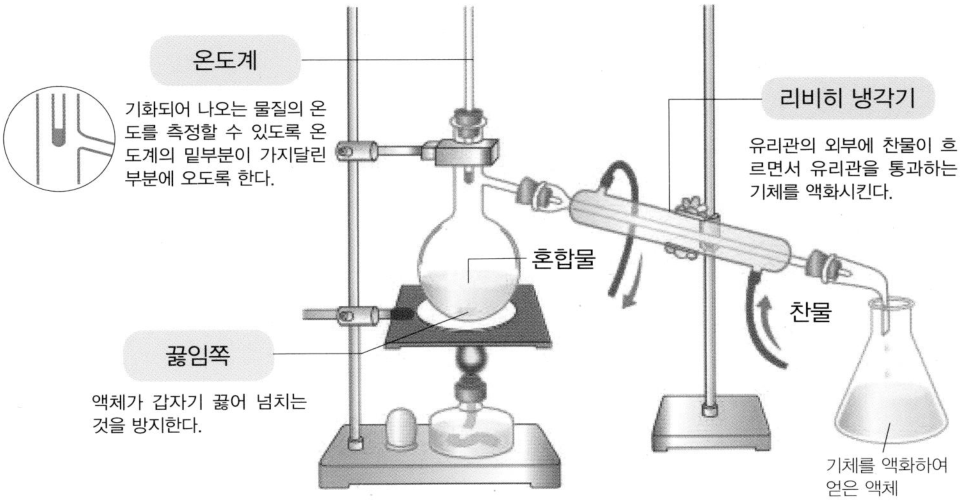


▲ 증류 과정 : 둥근바닥 플라스크 → 리비히 냉각기 → 삼각 플라스크
( 끓는점 낮은 물질 기화 ) ( 액화 ) ( 분리된 액체 )

**(3) 증류의 예** : 탁한 술을 증류하여 맑은 술 만들기, 바닷물 증류하여 식수 얻기

탁한 술 (물 + 에탄올) → 에탄올 기화 → 에탄올 액화 → 맑은 술
(가열) (냉각)

▲ 탁한 술을 맑은 술로 만드는 과정

**바닷물의 증류**

증발된 바닷물이 차가운 유리 지붕에 닿아 액화되어 식수를 얻을 수 있다.

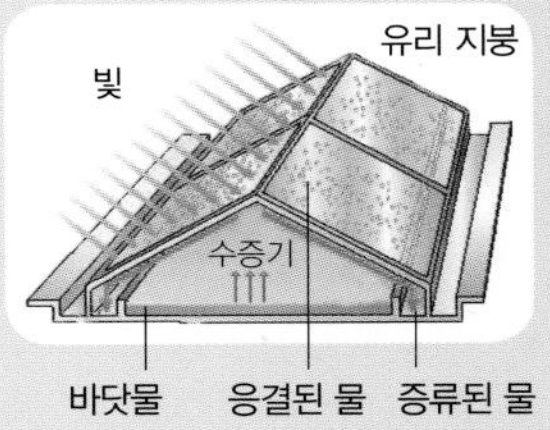


▲ 바닷물의 증류 장치

정답 및 해설 09쪽

**개념확인 4** 끓는점 차이가 큰 두 가지 이상의 물질이 섞여 있는 혼합물을 가열할 때 나오는 기체를 다시 냉각시켜 순수한 액체를 얻는 방법을 무엇이라 하는가?

**확인 + 4** 증류 과정에서 둥근바닥 플라스크와 리비히 냉각기에서 일어나는 물질의 상태 변화를 쓰시오.

(1) 둥근바닥 플라스크

(2) 리비히 냉각기

**생각해보기★★**

증류로 얻은 액체는 순수한 액체일까? 물과 에탄올 혼합물을 증류하여 에탄올을 분리할 때 에탄올만 나올까?

**미니사전**

증류 액체를 가열하여 기체로 만들고 다시 식혀서 액체로 만드는 방법

# 개념 다지기

**01** 순물질과 혼합물을 비교한 것으로 옳은 것은?

① 모든 혼합물은 고르게 섞여 있다.
② 순물질은 물리적인 방법으로 분리할 수 있다.
③ 혼합물은 녹는점, 끓는점, 밀도 등이 일정한 값을 가진다.
④ 혼합물은 균일 혼합물과 불균일 혼합물로 구분할 수 있다.
⑤ 혼합물을 가열하면 가열 곡선에서 수평한 구간이 나타난다.

**02** 다음 물질들 중 혼합물인 것은?

① 물 ② 산소 ③ 이산화 탄소 ④ 소금물 ⑤ 소금

**03** 좋은 볍씨를 고를 때 소금물에 볍씨를 담가서 쭉정이를 골라낸다. 이때 이용된 물질의 특성으로 옳은 것은?

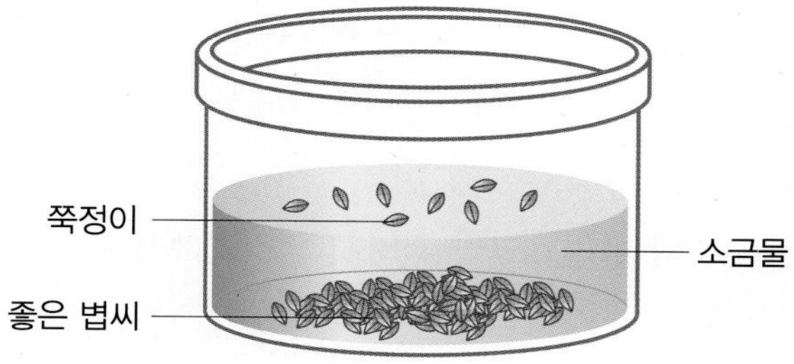


① 밀도 ② 색깔 ③ 부피 ④ 끓는점 ⑤ 용해도

**04** 신선한 달걀을 고르기 위해 소금물에 달걀을 넣었더니 모든 달걀이 가라앉았다. 오래된 달걀을 소금물 위로 뜨게 하는 방법으로 옳은 것은?

① 물을 더 넣는다.
② 소금을 더 넣는다.
③ 달걀을 더 넣어준다.
④ 소금물의 온도를 낮춘다.
⑤ 소금물을 손으로 저어준다.

**05** 물과 식용유의 혼합 용액을 분별 깔때기에 넣었더니 오른쪽 그림과 같이 두 층으로 나누어졌다. 다음 설명 중 옳은 것을 모두 고르시오.(2개)

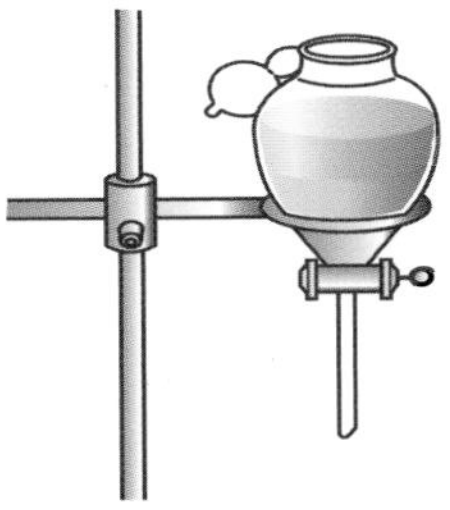

① 밀도가 큰 물질이 위층에 있다.
② 밀도가 작은 물질이 위층에 있다.
③ 질량이 큰 물질이 아래층에 있다.
④ 질량이 작은 물질이 위층에 있다.
⑤ 서로 잘 섞이지 않는 액체 혼합물의 분리에 이용되는 방법이다.

**06** 다음은 증류 장치이다. 이 장치에 대한 설명으로 옳지 않은 것은?

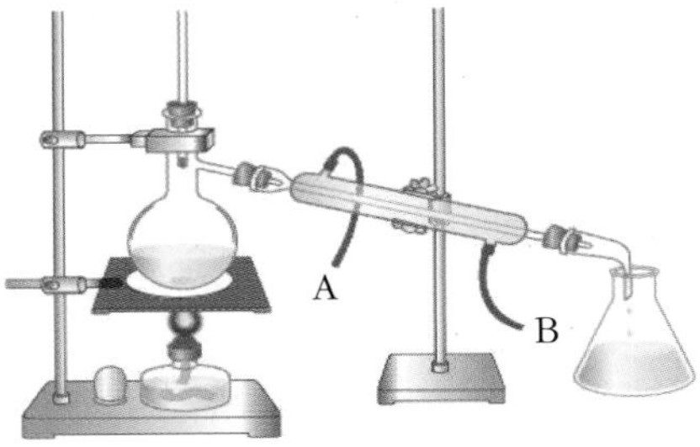


① 끓는점의 차이를 이용한 것이다.
② 냉각수는 A에서 B로 흘려 보낸다.
③ 둥근바닥 플라스크 안의 혼합물의 일부는 기화된다.
④ 온도계의 끝이 시험관의 가지 부분에 오도록 해야한다.
⑤ 액체가 갑자기 끓어 넘치는 것을 막기 위해 끓임쪽을 넣어 준다.

**[유형18-1]** 순물질과 혼합물

아래의 그림은 여러 가지 물질의 가열 곡선을 나타낸 것이다. ㉠~㉢ 중 혼합물의 가열 곡선에 해당하는 것을 고르시오.

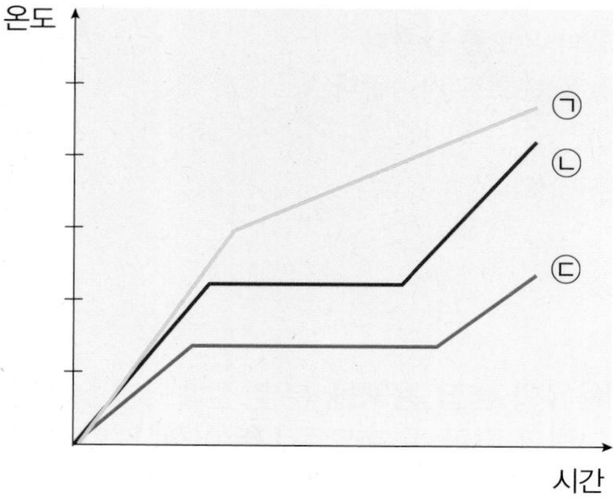


Tip!

## 01

다음 글에서 괄호 안의 내용 중 옳은 것을 고르시오.

> 같은 양의 사과 주스와 순수한 물을 냉동실에 넣었을 때 먼저 얼기 시작하는 물질은 ㉠(사과 주스 , 물) 이다. ㉡(순물질 , 혼합물)은 한 가지 성분 물질이 어는 과정에서 다른 물질의 방해를 받으므로 더 낮은 온도에서 얼기 때문이다.

## 02

다음 〈보기〉 중 혼합물에 해당하는 것의 기호를 모두 쓰시오.

〈 보기 〉

ㄱ. 공기　ㄴ. 물　ㄷ. 철　ㄹ. 흙탕물

## [유형18-2] 밀도차 분리 I

다음 〈보기〉와 같이 물질을 분리할 때 공통으로 이용되는 물질의 특성으로 옳은 것은?

〈 보기 〉

▲ 사금 채취

▲ 키질로 곡물 분리

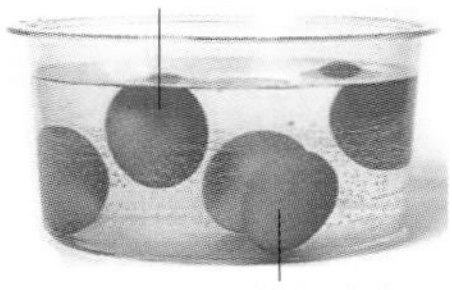

▲ 신선한 달걀 고르기

① 밀도 ② 질량 ③ 부피 ④ 끓는점 ⑤ 용해도

**03** 스타이로폼과 모래의 혼합물을 물에 넣었더니 아래의 그림과 같이 분리되었다. 밀도가 큰 것부터 순서대로 기호로 쓰시오.

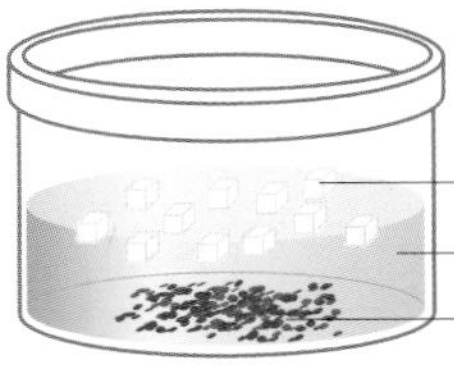


**04** 속이 찬 볍씨와 쭉정이는 소금물에 넣어서 분리할 수 있다. 이때 소금물의 밀도에 대한 설명으로 옳은 것은?

① 쭉정이와 밀도가 같아야 한다.
② 속이 찬 볍씨와 밀도가 같아야 한다.
③ 속이 찬 볍씨와 쭉정이의 밀도보다 커야 한다.
④ 속이 찬 볍씨와 쭉정이의 밀도보다 작아야 한다.
⑤ 속이 찬 볍씨의 밀도와 쭉정이 밀도의 중간이어야 한다.

**Tip!**

# 유형 익히기 & 하브루타

**[유형18-3]** 밀도차 분리 II

다음 그림은 서로 섞이지 않고 밀도가 다른 액체 혼합물을 분리하는 실험 기구를 나타낸 것이다.

(1) 이 실험 기구의 이름은 무엇인가?

(2) 이 실험 기구로 분리할 수 있는 혼합물로 옳은 것은?

① 물과 간장　② 물과 볍씨　③ 물과 소금
④ 물과 에탄올　⑤ 물과 식용유

Tip!

## 05

액체 혼합물을 분리하는 방법에 대한 아래의 글을 읽고 괄호 안의 내용 중 알맞은 단어를 고르시오.

> 혼합물의 양이 많을 경우 액체 혼합물을 ㉠(분별 깔때기, 거름 장치)를 이용해 분리한다. 혼합물의 양이 적은 경우에는 액체 혼합물을 시험관에 넣은 다음 ㉡(여과지, 스포이트)를 이용해 분리한다.

## 06

다음 글을 읽고 괄호 안의 내용 중 알맞은 단어를 고르시오.

(1) 바다에 유출된 기름이 바닷물 위에 뜨는 것은 바닷물의 밀도가 기름보다 ㉠(크기, 작기) 때문이다.

(2) 혈액을 원심 분리기에 넣고 회전시키면 밀도가 큰 혈구는 시험관 ㉡(위쪽, 아래쪽)으로, 밀도가 작은 혈장은 시험관 ㉢(위쪽, 아래쪽)으로 분리된다.

정답 및 해설 09쪽

## [유형18-4] 증류

다음은 증류장치이다. 이에 대한 설명으로 옳은 것을 〈보기〉에서 모두 고르시오.

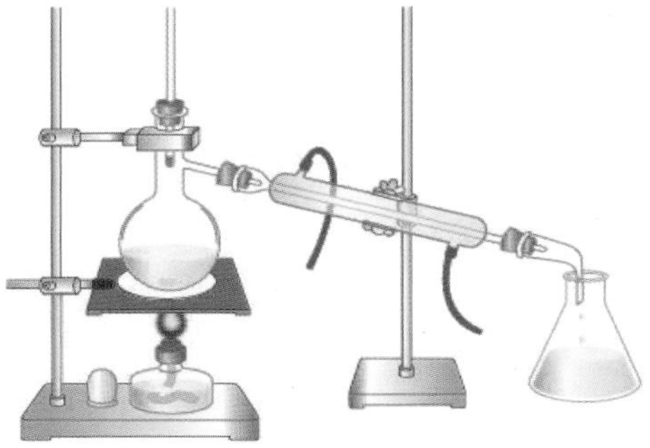

〈 보기 〉

ㄱ. 용해도 차이로 분리하는 것이다.
ㄴ. 둥근바닥 플라스크에서 혼합물 중 일부가 기화된다.
ㄷ. 기화된 물질이 냉각기를 거치면서 액화된다.

**07** 아래의 실험 장치에서 냉각기에 찬물이 들어가면서 물질이 액화된다. 이때 찬물이 들어가는 곳은 A와 B 중 어느 곳인가?

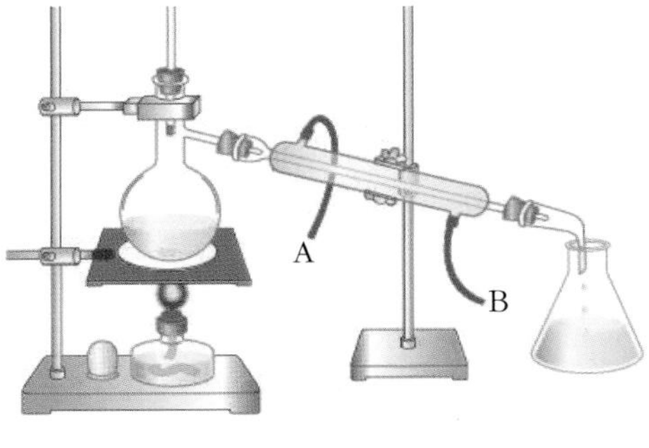


**08** 다음 중 증류장치에 끓임쪽을 넣는 이유로 옳은 것은?

① 혼합물이 빨리 끓게 하기 위해서
② 혼합물의 끓는점을 낮추기 위해서
③ 혼합물의 끓는점을 높이기 위해서
④ 혼합물이 천천히 끓게 하기 위해서
⑤ 혼합물이 갑자기 끓어 넘치는 것을 방지하기 위해서

**Tip!**

# 창의력 & 토론마당

**01** 자동차 엔진의 뜨거운 열을 식히기 위해 냉각수라는 액체가 필요하다. 일반적으로 냉각수는 수돗물에 부동액 등을 혼합해서 쓴다. 부동액은 추운 겨울철 자동차의 냉각수가 얼어붙는 것을 막기 위한 액체이다. 부동액을 넣으면 냉각수가 얼지 않는 이유는 무엇일까?

**02** 일본 원숭이들은 땅에 떨어진 낟알들을 주워 먹을 때, 재미 있는 방법을 이용해 흙이 섞이지 않도록 골라 먹는다. 다음 그림을 보고 원숭이가 어떤 방법을 이용해 흙에서 낟알을 골라 먹는지 설명해 보자.

정답 및 해설 10쪽

**03** 배가 침몰하여 무인도에 표류하게 된 김씨. 마실 물이 없어 바닷물을 이용하여 물을 얻으려고 한다. 주변의 물질을 이용하여 마실 물을 얻을 수 있는 실험 장치를 꾸며 보자.

**04** 모양과 크기가 같은 (가), (나) 두 개의 유리병에 동일한 양의 물을 가득 넣은 후 (가)에는 소금 10 g 을 넣고, (나)에는 100 g 의 소금을 넣었다. 두 개의 유리병의 뚜껑을 닫고 모두 같은 냉동실에 넣었다가 다음 날 꺼내었더니 하나의 병만 깨졌다. 깨진 병은 어떤 병인지 생각해 보고 깨진 이유를 어는점과 관련지어 서술해 보자.

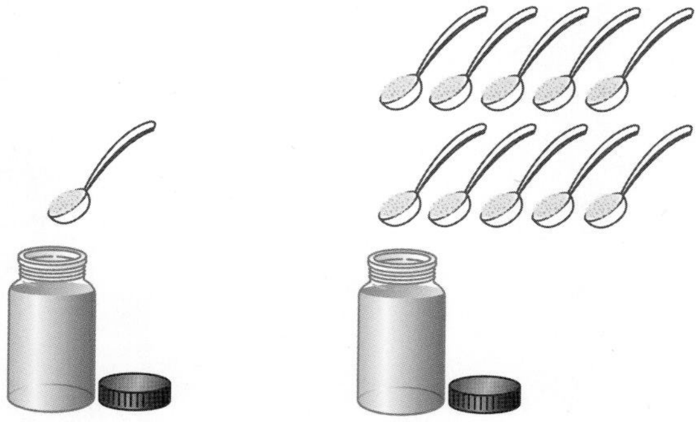
(가) (나)

정답 및 해설 10쪽

**05** LPG 연료를 사용하는 자동차는 연료비가 적게 들며, 소음이 적다. LPG 연료의 주성분은 뷰테인과 프로페인이며, 뷰테인과 프로페인은 상온에서 기체 상태이므로 높은 압력을 가해 액체 상태로 만든 연료를 LPG 통에 넣어서 사용한다.

가정용 버너에서 쓰는 뷰테인 가스는 뷰테인과 프로페인의 혼합 기체에서 뷰테인만 분리해서 사용한다. 어떤 방법을 이용하면 뷰테인만 분리할 수 있을까? (단, 뷰테인의 녹는점은 −135℃, 끓는점은 −0.5℃이고, 프로페인의 녹는점은 −187.69℃, 끓는점은 −42.07℃이다.)

# 스스로 실력 높이기

**01** 다음 중 순물질의 특징에 해당하는 것에 '순', 혼합물의 특징에 해당하는 것은 '혼'이라고 쓰시오.

(1) 녹는점과 끓는점이 일정하다. ( )

(2) 끓는 동안 온도가 계속 올라간다. ( )

(3) 가열 곡선에 수평인 구간이 없다. ( )

**02** 순물질과 혼합물에 대한 설명을 읽고 옳은 것은 ○표, 옳지 않은 것은 ×표 하시오.

(1) 불균일 혼합물은 흙탕물, 우유, 간장 등이 포함된다. ( )

(2) 물과 식용유는 두 액체의 무게 차이를 이용해서 분리한다. ( )

(3) 성질이 다른 두 가지 이상의 물질이 섞여 있는 것을 순물질이라고 한다. ( )

**03** 다음은 물 100 g 에 소금의 양을 달리하여 녹인 용액을 나타낸 것이다. 다음 용액을 같은 불꽃 세기로 가열한다면 가장 먼저 끓는 것은 무엇인지 기호를 쓰시오.

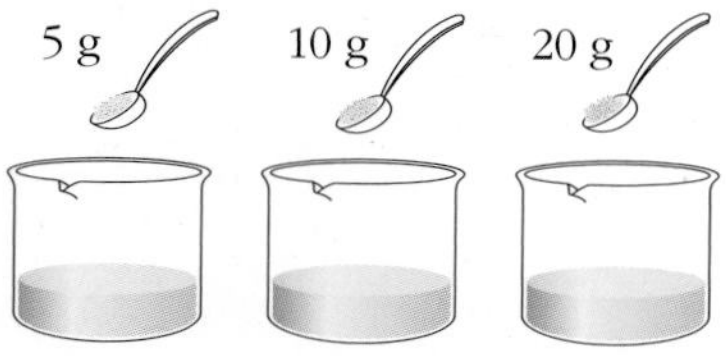

(가) (나) (다)

**04** 고체 혼합물을 분리하는 방법에 대한 아래의 글을 읽고 괄호 안의 내용 중 알맞은 말을 고르시오.

| |
|---|
| 고체 혼합물을 밀도 차이로 분리할 때에는 액체를 이용한다. 그 액체는 고체 혼합물을 ㉠( 녹이면서, 녹이지 않으면서 ) 밀도가 두 고체 물질 ㉡( 보다 커야, 중간이어야, 보다 작아야 ) 한다. |

**05** 다음 〈보기〉 중 밀도 차이를 이용해 혼합물을 분리할 수 있는 것을 <u>모두</u> 골라 기호를 쓰시오.

〈 보기 〉
ㄱ. 물과 에탄올 분리하기
ㄴ. 모래와 사금 분리하기
ㄷ. 톱밥과 모래 분리하기

**06** 다음은 밀도 차이를 이용해 혼합물을 분리하는 예이다. 다음 ㉠과 ㉡, ㉢과 ㉣ 각각에서 밀도가 작은 것의 기호를 쓰시오.

(1) 사금이 섞인 모래를 쟁반에 담아 흔들면 ㉠ <u>작은 모래</u>는 쓸려가고, 쟁반에는 ㉡ <u>사금</u>만 남는다.

(2) 톱밥이 섞인 모래를 물에 넣으면 ㉢ <u>모래</u>는 가라앉고 ㉣ <u>톱밥</u>은 뜬다.

**07** 그림 (가)는 여러 종류의 물체를 물에 넣었을 때의 모습을 나타낸 것이다. (가)의 물에 소금을 넣었더니 (나)와 같이 변하였다. 물체 A, B, C의 밀도를 부등호로 비교하시오.

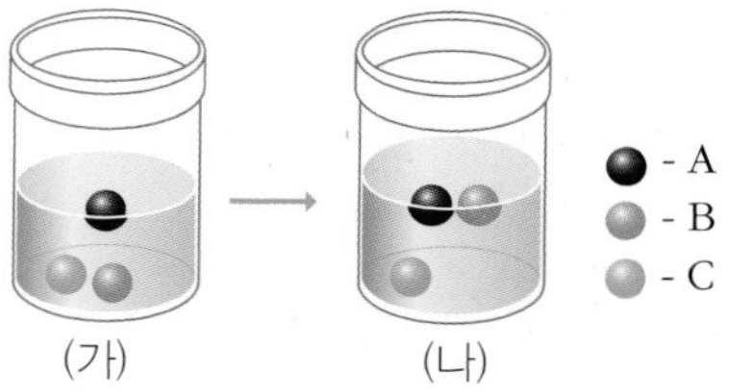

(가) (나)

**08** 액체 혼합물을 분리하는 방법에 대한 아래의 글을 읽고 빈칸 안의 내용 중 알맞은 단어를 〈보기〉에서 찾아 쓰시오.

〈 보기 〉
분별 깔때기 스포이트 거름 장치
작은 중간 큰

| |
|---|
| 섞이지 않는 두 액체의 혼합물을 분리할 때, 혼합물의 양이 많은 경우에 이용하는 기구는 ㉠( ) 이다. 이때 밀도가 ㉡( ) 물질이 위층으로, 밀도가 ㉢( ) 물질이 아래층으로 분리된다. |

**09** 다음 〈보기〉 중 끓는점 차를 이용하여 혼합물을 분리하는 예를 모두 고르시오.

〈 보기 〉

ㄱ. 바닷물로 식수 만들기
ㄴ. 모래와 스타이로폼 분리하기
ㄷ. 원심 분리기로 혈액 분리하기
ㄹ. 소줏고리를 이용하여 탁한 술로 맑은 술 만들기

**10** 증류에 대한 설명으로 옳은 것은 ○표, 옳지 않은 것은 ×표 하시오.

(1) 끓는점의 차이를 이용한 것이다. ( )

(2) 기화와 응고의 상태 변화가 일어난다. ( )

(3) 증류 장치에는 분별 깔때기가 이용된다. ( )

**11** 다음은 탁한 술에서 맑은 술을 얻는 방법을 설명한 글이다. 빈칸의 내용 중 옳은 것을 고르시오.

끓는점이 낮은 에탄올이 ㉠( 액화, 기화 )된 후 찬물이 담긴 그릇에 의해 ㉡( 액화, 응고 )되어 맑은 술을 얻을 수 있다.

**12** 소금물을 이용하여 속이 빈 쭉정이와 속이 찬 볍씨를 분리할 때 쭉정이가 잘 떠오르지 않으면 소금을 더 넣어준다. 그 이유로 옳은 것은?

① 쭉정이의 밀도를 크게 하기 위해서
② 쭉정이의 무게를 크게 하기 위해서
③ 소금물의 부피를 크게 하기 위해서
④ 소금물의 밀도를 크게 하기 위해서
⑤ 소금물의 끓는점을 크게 하기 위해서

**13** 밀도가 2.5 g/mL 인 고체 A와 밀도가 4.2 g/mL 인 고체 B가 섞여 있는 혼합물을 밀도 차이를 이용하여 분리하려고 한다. 이때 사용할 수 있는 물질로 옳은 것은? (단, 고체 A와 B는 액체에 녹지 않는다.)

〈 보기 〉

ㄱ. 밀도가 1.8 g/mL 인 액체
ㄴ. 밀도가 3.8 g/mL 인 액체
ㄷ. 밀도가 5.7 g/mL 인 액체

① ㄱ ② ㄴ ③ ㄷ
④ ㄱ, ㄴ ⑤ ㄴ, ㄷ

**[14~15]** 오른쪽 그림과 같은 장치를 이용하여 액체 A와 액체 B의 혼합 용액을 분리하려고 한다.

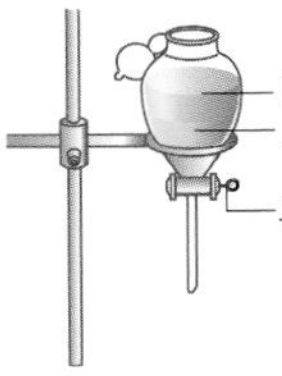


**14** 위 실험에 대한 설명으로 옳지 않은 것은?

① 액체의 밀도는 A>B 이다.
② 액체 A와 B는 서로 섞이지 않는다.
③ 콕을 열면 밀도가 큰 A가 먼저 분리된다.
④ 액체 물질의 밀도 차이를 이용하여 분리한다.
⑤ 실험 기구를 흔들어 주면 A와 B는 골고루 잘 섞이게 된다.

**15** 위 실험 장치를 이용하여 분리할 수 있는 혼합물을 〈보기〉에서 골라 기호로 쓰시오.

〈 보기 〉

ㄱ. 물과 에탄올
ㄴ. 톱밥과 모래
ㄷ. 물과 식용유

# 스스로 실력 높이기

**16** 다음 중 분별 깔때기를 이용하여 분리할 수 있는 혼합물의 성질로 옳은 것은?

① 서로 잘 섞이는 고체 혼합물
② 서로 잘 섞이는 액체 혼합물
③ 서로 잘 섞이지 않는 고체 혼합물
④ 서로 잘 섞이지 않는 액체 혼합물
⑤ 서로 잘 섞이지 않는 모든 혼합물

**17** 아래 그림은 올리브유와 발사믹 식초를 이용하여 소스를 만들고 있는 모습이다. 아래의 글을 읽고 빈칸 안의 내용 중 알맞은 단어를 차례대로 바르게 짝지은 것은?

▲ 발사믹 소스

| |
|---|
| 올리브유와 발사믹 식초는 서로 섞이지 않고 층이 나누어진다. 이와 같이 두 액체가 서로 섞이지 않고 ㉠(　　　)가 달라 한 액체는 뜨고, 다른 액체는 가라앉을 경우 분별 깔때기나 스포이트를 이용해 분리할 수 있다. 위의 사진과 같이 양이 적은 액체를 분리할 때에는 ㉡(　　　　)를 이용하면 쉽게 분리할 수 있다. |

| | ㉠ | ㉡ |
|---|---|---|
| ① | 무게 | 분별 깔때기 |
| ② | 무게 | 스포이트 |
| ③ | 밀도 | 분별 깔때기 |
| ④ | 밀도 | 스포이트 |
| ⑤ | 밀도 | 증류 장치 |

**[18~19]** 다음은 증류 장치를 나타낸 것이다. 다음 물음에 답하시오.

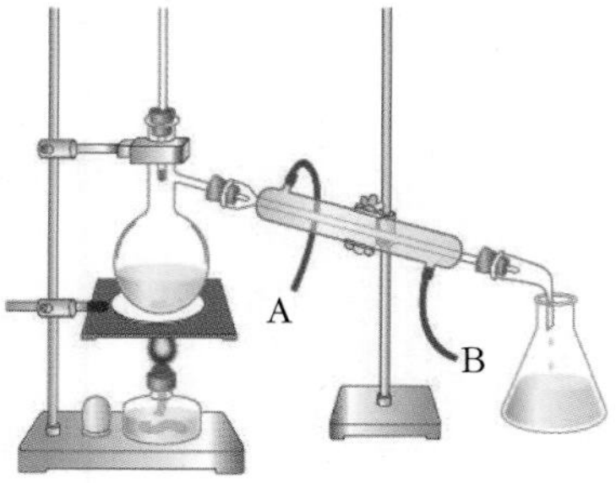


**18** 이 실험에 대한 설명으로 옳은 것을 모두 고르시오.(3개)

① 둥근바닥 플라스크 속에 끓임쪽을 넣는다.
② 냉각기에서 물은 A로 들어가서 B로 나온다.
③ 둥근바닥 플라스크 안에는 순수한 액체가 들어 있다.
④ 둥근바닥 플라스크 안에는 혼합물이 들어 있고, 끓는점이 낮은 물질이 먼저 기화한다.
⑤ 온도계의 밑부분이 둥근바닥 플라스크의 가지 달린 부분에 오도록 한다.

**19** 위의 실험 장치를 이용하여 분리할 수 있는 혼합물로 <u>가장</u> 적당한 것은?

① 물과 식용유　② 물과 에탄올
③ 물과 참기름　④ 소금과 모래
⑤ 소금과 설탕

**20** 오른쪽 그림은 바닷물에서 식수를 얻는 방법을 나타낸 것이다. 증발된 바닷물이 차가운 유리 지붕에 닿아 액화되어 식수를 얻을 수 있다. 이와 같은 원리로 혼합물을 분리하는 것은?

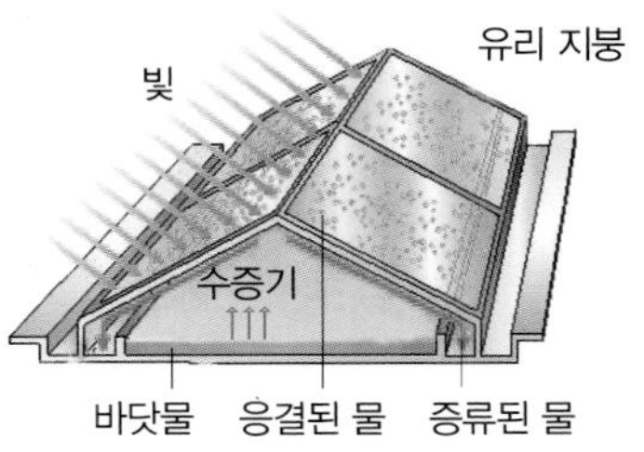


① 천일염에서 소금을 얻는다.
② 원심 분리기로 혈구와 혈장을 분리한다.
③ 소줏고리를 이용하여 막걸리에서 소주를 얻는다.
④ 소금물에 볍씨를 넣어 좋은 볍씨와 쭉정이를 분리한다.
⑤ 물과 식용유의 혼합물이 든 시험관을 가만히 놓아 두면 두 층으로 분리된다.

## 창의력 서술

**21** 원유는 끓는점이 다른 여러 가지 액체 물질이 섞여 있는 복잡한 혼합물이다. 정유 공장에서 원유를 분리하는 방법을 서술해 보자.

**22** 물과 소금물을 냉동실에 넣었을 때, 물은 얼지만 소금물은 잘 얼지 않는다. 그 이유는 무엇인가?

# 19강. 혼합물 분리 II

● 거름종이 사용 방법

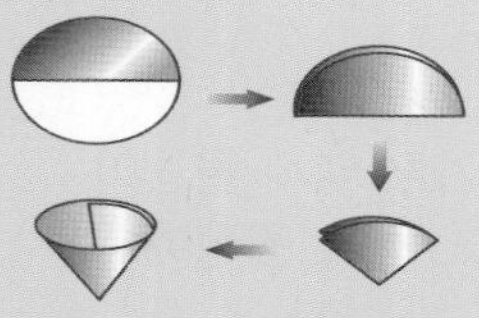

깔때기 모양으로 접는다.

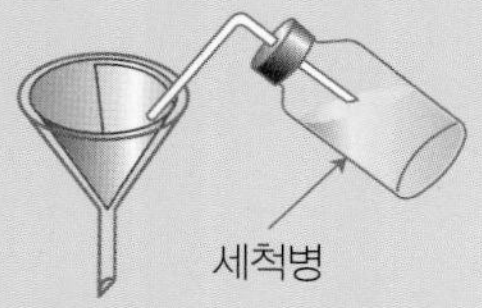


깔때기 위에 거름종이를 올려 놓고 증류수를 이용해 깔때기에 잘 붙여준다. 거름종이는 깔때기보다 작은 것을 사용한다.

## 1. 용해도차 분리 1

**(1) 거름** : 두 고체 혼합물 중 하나만 녹일 수 있는 용매를 사용해 거른다.

물에 소금과 분필 가루를 녹인다.

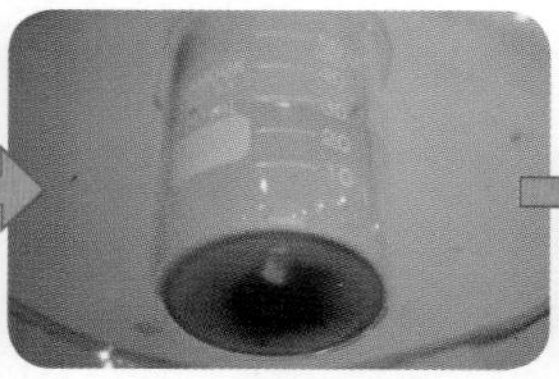

소금은 물에 녹지만 분필 가루는 물에 녹지 않는다.

거름종이로 거르면 소금물은 통과하지만 분필 가루는 통과하지 못한다.

**(2) 추출** : 특정한 물질만 녹이는 용매를 사용하여 분리한다.

| 약탕기 | | 원두로 커피 만들기 | |
|---|---|---|---|
|  | 한약재를 물과 함께 끓이면 한약 성분이 물에 **녹아 나온다.** |  | 원두커피 가루에 뜨거운 물을 부으면 커피 성분이 물에 **녹아 나온다.** |
| 녹차 만들기 | | 고사리의 쓴맛 제거하기 | |
|  | 녹차를 뜨거운 물에 넣으면 녹차 성분이 **녹아 나온다.** |  | 고사리를 삶아서 찬물에 담가 두면 쓴맛을 내는 성분이 **녹아 나온다.** |

● 생각해보기★

옷에 묻은 기름때를 쉽게 제거할 수 있는 방법으로 무이 있을까?

**개념확인 1** 다음 괄호 안에 알맞은 말을 넣으시오.

> 두 가지의 고체가 섞여 있을 때 한 가지 고체만 녹이는 용매를 사용하여 용매에 잘 녹는 고체와 녹지 않는 고체를 거름종이로 걸러 분리하는 방법을 (　　　　)이라고 한다.

**확인 +1** 거름과 추출의 분리 방법에서 공통적으로 사용된 원리는 무엇인가?

① 밀도 차이　② 끓는점의 차이　③ 용해도 차이
④ 농도 차이　⑤ 녹는점의 차이

**미니사전**

추출 고체 또는 액체 혼합물에서 특정 성분만을 뽑아내는 것이다.

## 2. 용해도차 분리 2

**(1) 기체 혼합물의 분리** : 어떤 용매에 잘 녹는 기체와 잘 녹지 않는 기체가 섞여 있을 때 이 혼합 기체를 한 기체만 녹이는 용매에 통과시켜 분리한다.

① 물에 잘 녹는 기체와 잘 녹지 않는 기체

| 물에 잘 녹는 기체 | 물에 잘 녹지 않는 기체 |
|---|---|
| 암모니아, 염화 수소, 이산화 질소 | 공기, 질소, 산소, 이산화 탄소 |

② 암모니아와 공기

- 암모니아 : 물에 녹아 아래로 흘러 내린다.
- 공기 : 물에 녹지 않아 기체로 빠져 나간다.

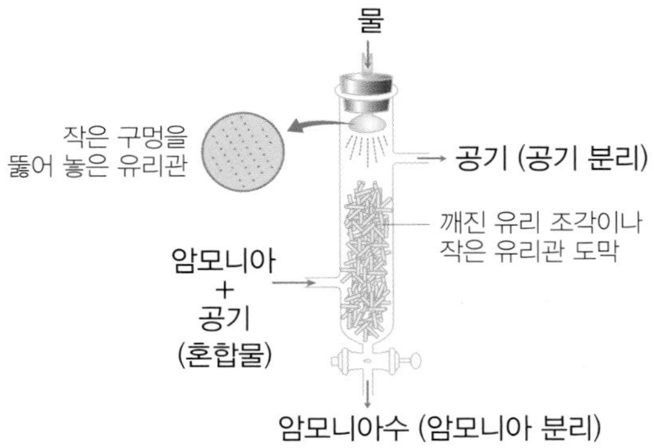


▲ 공기 속 암모니아 분리하기

● 암모니아($NH_3$)
질소와 수소의 화합물로서 고약한 냄새가 나고 물에 잘 녹는다. 식물의 비료로 쓰인다.

● 염화 수소(HCl)
무색, 자극적인 냄새가 나는 유독한 기체로 수용액은 염산이라 한다.

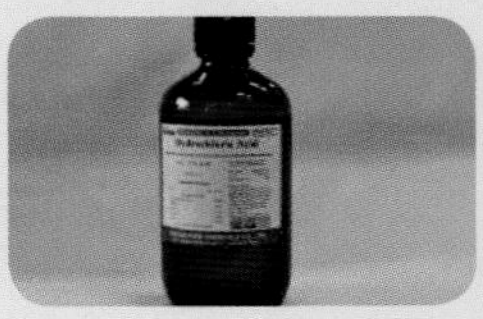

● 이산화 질소($NO_2$)
공장 굴뚝이나 자동차 배기에서 배출되는 자극적인 냄새가 나는 갈색의 유해한 기체이다.

정답 및 해설 12쪽

**개념확인 2** 오른쪽과 같은 실험 장치는 어떤 분리 과정에 사용되는가?

① 추출　② 기체 혼합물의 분리　③ 거름
④ 석출　⑤ 액체 혼합물의 분리

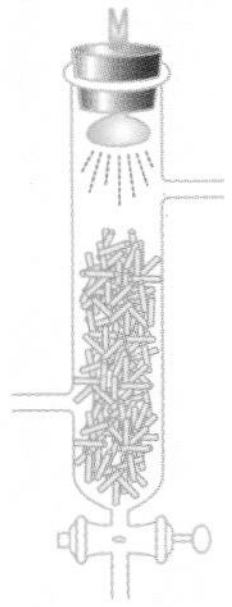

● 생각해보기★★
비가 내린 후 공기 중에서 유해 물질이 사라지는 이유는 무엇일까?

**확인 + 2** 물에 잘 녹지 않는 기체를 모두 고르시오.(2개)

① 암모니아　② 이산화 질소　③ 이산화 탄소
④ 염화 수소　⑤ 공기

● 여러 가지 결정의 모양

▲ 소금 결정

▲ 백반 결정

▲ 황산 구리 결정

## 3. 용해도차 분리 3

(1) **재결정** : 불순물이 포함된 물질을 높은 온도의 용매에 녹였다가 냉각시켜 순수한 결정을 석출시켜 얻는 방법이다.
→ 천일염에서 순수한 소금 얻기

바닷물을 증발시켜 얻은 천일염은 거무스름하다.

천일염을 물에 녹여 걸러낸다.

걸러낸 천일염을 냉각시키면 순도가 높은 소금을 얻을수 있다.

(2) **특징** : 냉각할 때 온도를 낮춰주는 속도에 따라 결정의 모양과 크기가 달라진다.
→ 소금의 결정

▲ 천천히 식혔을 때

▲ 빠르게 식혔을 때

**개념확인 3** 다음은 재결정의 특징을 나타낸 것이다. 빈칸에 들어갈 말을 알맞게 짝지은 것은?

> 냉각할 때 온도를 낮춰주는 속도에 따라 결정의 (　　　)과 (　　　)가 달라진다.

① 모양, 크기　② 모양, 색깔　③ 모양, 성질
④ 크기, 색깔　⑤ 크기, 성질

● 생각해보기★★★
소금, 백반, 황산 구리는 왜 일정한 모양의 결정을 가질까?

**확인 + 3** 다음은 재결정에 대한 설명이다. 옳은 것은 ○표, 옳지 않은 것은 ×표하시오.

(1) 천일염을 재결정하면 소금의 순도가 높아진다. (　　)
(2) 재결정을 반복할수록 순도가 높아진다. (　　)
(3) 온도를 낮춰주는 속도와 결정의 크기는 상관이 없다. (　　)

**미니사전**
석출　용액으로부터 고체 물질이 나오는 현상
천일염 바닷물을 염전으로 끌어 들여 바람과 햇빛으로 수분만 증발시켜 만든 소금

## 4. 우리 주변의 혼합물 분리

(1) **여러 가지 방법을 이용한 혼합물의 분리** : 여러 가지 물질이 섞여 있는 혼합물을 분리할 때는 혼합물을 이루는 성분 물질의 특성을 파악한 후 분리 순서를 정하여 분리한다.

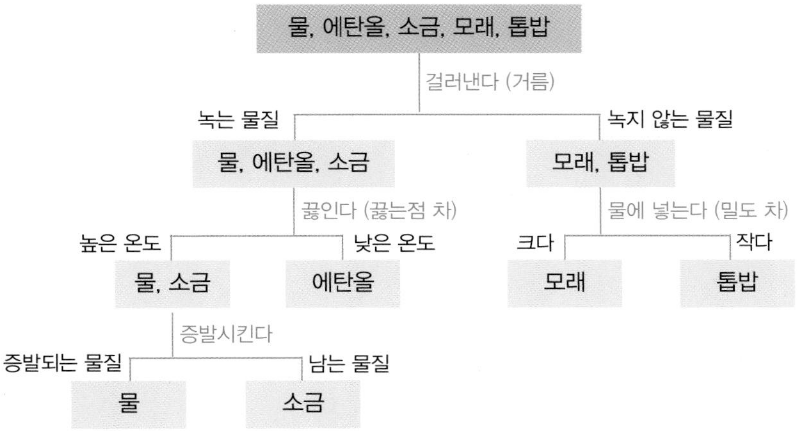


▲ 여러 가지 혼합물의 분리

(2) **우리 주변의 혼합물 분리** : 콩에서 콩기름 분리(추출), 사탕수수에서 설탕 분리(밀도 차이에 의한 분리), 정수 과정을 통해 맑은 물 얻기(거름) 등

● 사탕수수에서 설탕 분리하기
사탕수수의 줄기를 갈아 압착하여 즙을 짜내고 원심분리하면 밀도 차에 의해 설탕이 분리된다.

정답 및 해설 12쪽

**개념확인 4** 모래와 톱밥이 섞인 혼합물을 분리할 수 있는 방법은?

① 증발 ② 분별 증류 ③ 거름
④ 재결정 ⑤ 밀도 차에 의한 분리

**확인 + 4** 다음 중 우리 주변에서 볼 수 있는 혼합물의 분리는?

① 콩에서 콩기름 분리 ② 책상에서 서랍을 분리
③ 재활용 쓰레기 분리 ④ 핸드폰 부품을 분해
⑤ 책꽂이의 책을 종류별로 정리

# 개념 다지기

## 01

오른쪽 그림과 같은 실험 장치를 이용하여 분리하기에 적당한 혼합물은?

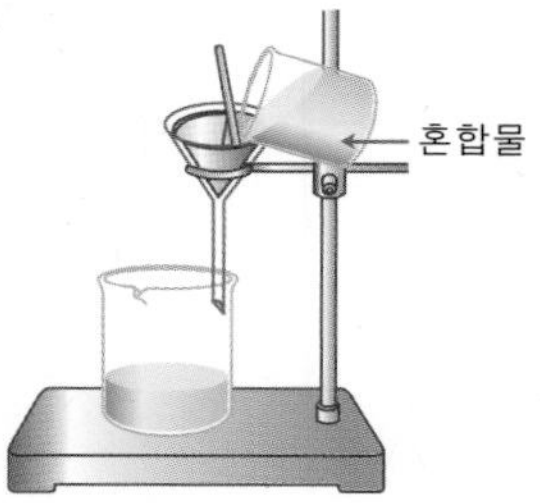


① 쌀과 돌
② 소금과 모래
③ 돌과 모래
④ 소금과 설탕
⑤ 쌀과 모래

## 02

다음 중 추출에 의한 혼합물의 분리가 아닌 것은?

①

한약

②

녹차 만들기

③

원두로 커피 만들기

④

소금과 분필 가루 분리

⑤

고사리의 쓴맛 제거

## 03

다음 〈보기〉의 혼합물 분리 방법에서 공통적으로 사용하는 원리는?

〈 보기 〉

거름　　추출　　기체 혼합물의 분리　　재결정

① 밀도 차이
② 끓는점의 차이
③ 용해도 차이
④ 농도 차이
⑤ 녹는점의 차이

정답 및 해설 12쪽

**04** 다음 중 오른쪽 그림과 같은 장치에 넣었을 때 분리되지 <u>않는</u> 기체 혼합물은?

① 공기와 암모니아
② 공기와 염화 수소
③ 공기와 이산화 질소
④ 산소와 이산화 탄소
⑤ 산소와 이산화 질소

**05** 다음은 재결정 과정을 순서없이 나타낸 것이다. 과정을 순서대로 바르게 나열한 것은?

(가) (나) (다)

① (가) - (나) - (다)
② (가) - (다) - (나)
③ (나) - (가) - (다)
④ (나) - (다) - (가)
⑤ (다) - (가) - (나)

**06** 다음 혼합물을 분리하기 위해 사용한 방법이 <u>아닌</u> 것은?

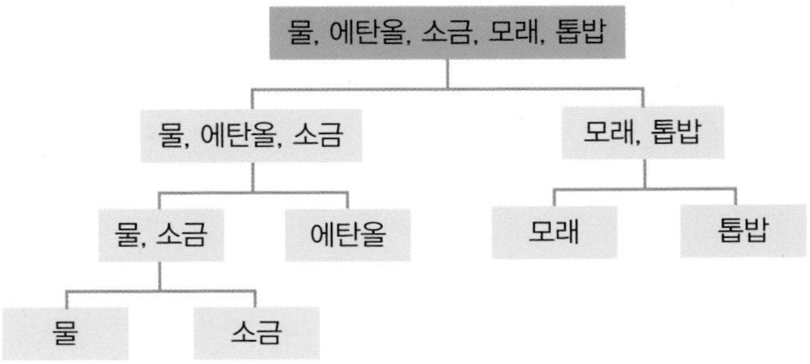


① 증발
② 끓는점 차에 의한 분리
③ 거름
④ 재결정
⑤ 밀도 차에 의한 분리

# 유형 익히기 & 하브루타

**[유형19-1]** 거름과 추출

다음 그림은 소금과 모래의 혼합물을 나타낸 것이다. 이 혼합물을 분리할 때 이용되는 원리를 모두 고르시오.(2개)

① 소금과 모래의 색은 다르다.
② 거름종이의 틈은 모래보다 작다.
③ 소금과 모래의 알갱이의 크기는 비슷하다.
④ 소금은 물에 녹고, 모래는 물에 녹지 않는다.
⑤ 소금 알갱이와 모래 알갱이의 결정 모양은 각각 일정하다.

Tip!

**01** 소금과 분필 가루를 물에 녹인 후 거름장치로 걸러 분리했을 때 거름종이 위에 남는 물질은 무엇인지 쓰시오.

**02** 특정한 물질만을 녹여서 분리하는 원리를 이용한 것이 아닌 것은?

① 한약 만들기
② 원두로 커피 만들기
③ 녹차 만들기
④ 옷에 묻은 기름때 제거
⑤ 우유에 핫초코 가루 녹이기

정답 및 해설 13쪽

## [유형19-2] 기체 혼합물의 분리

다음은 암모니아와 공기 혼합물의 분리 장치이다. A와 B로 배출되는 물질을 각각 적으시오.

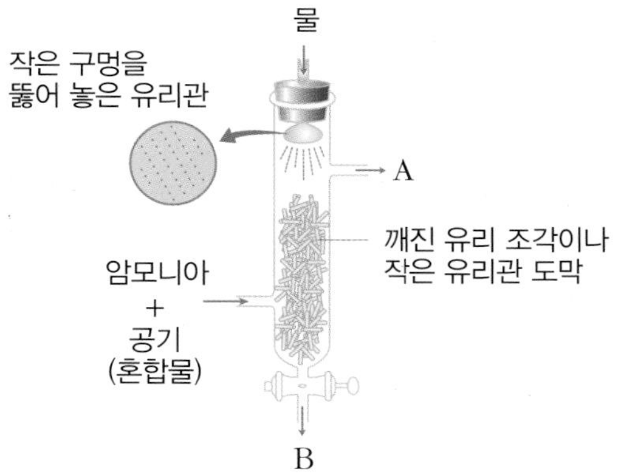


A : (                    )          B : (                    )

**03** 다음 〈보기〉 중 물에 잘 녹는 기체를 골라서 쓰시오.

〈 보기 〉

암모니아　　이산화 질소　　공기　　질소　　이산화 탄소

**04** 다음 그림과 같은 실험 기구를 이용해서 기체 혼합물을 분리할 때 이용되는 물질의 특성으로 옳은 것은?

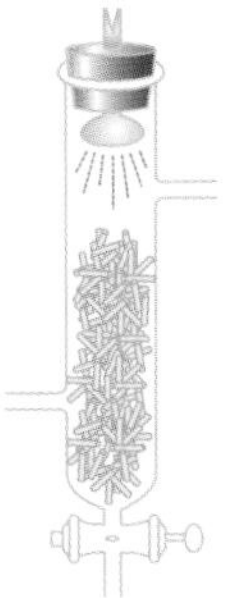

① 밀도　　② 용해도
③ 녹는점　　④ 끓는점
⑤ 농도

**Tip!**

**[유형19-3]** 재결정

다음은 천일염에서 순수한 소금을 얻는 재결정 과정을 나타낸 것이다. 재결정에 대한 설명 중 옳지 않은 것은?

① 바닷물을 증발시켜 얻은 천일염은 거무스름하다.
② 재결정 과정을 반복할수록 소금의 순도는 높아진다.
③ 걸러낸 천일염을 천천히 냉각시키면 결정이 생기지 않는다.
④ 온도를 낮춰주는 속도에 따라 결정의 모양과 크기가 달라진다.
⑤ 천일염을 물에 녹여 걸러내면 순도가 높은 소금을 얻을 수 있다.

Tip!

**05** 다음은 재결정을 설명한 것이다. 빈칸에 들어갈 말을 순서대로 바르게 짝지은 것은?

> 불순물이 포함된 물질을 (　　　) 온도의 용매에 녹였다가 (　　　)시켜 석출되는 순수한 결정을 얻는 방법이다.

① 낮은, 가열　② 낮은, 냉각　③ 적당한, 가열
④ 높은, 가열　⑤ 높은, 냉각

**06** 불순물이 섞인 염화 나트륨에서 순수한 염화 나트륨을 얻기 위해 이용하는 혼합물의 분리 방법은?

① 거름　② 추출　③ 재결정
④ 분별 증류　⑤ 밀도차에 의한 분리

정답 및 해설 13쪽

## [유형19-4] 우리 주변의 혼합물 분리

현정이는 다음과 같이 콩, 쌀, 철가루, 소금이 섞인 혼합물을 분리하려고 한다. 현정이가 이 혼합물을 분리하기 위해 이용해야 할 성질을 모두 고르시오.(3개)

① 알갱이의 크기가 다른 성질
② 물에 녹는 성질과 녹지 않는 성질
③ 자석에 붙는 성질과 붙지 않는 성질
④ 색소가 물에 번지는 속도가 다른 성질
⑤ 식초를 만나면 흰색 덩어리가 되는 성질

**07** 우리 주변에서 볼 수 있는 혼합물의 분리가 아닌 것은?

① 콩에서 콩기름 분리
② 사탕수수에서 설탕 분리
③ 책꽂이의 책을 종류별로 분리
④ 드라이클리닝으로 기름때 제거
⑤ 정수 과정을 통해 맑은 물 얻기

**Tip!**

**08** 다음은 여러 가지 물질을 어떤 특성에 의해 분리한 것이다. 물질의 분리에 사용된 특성은?

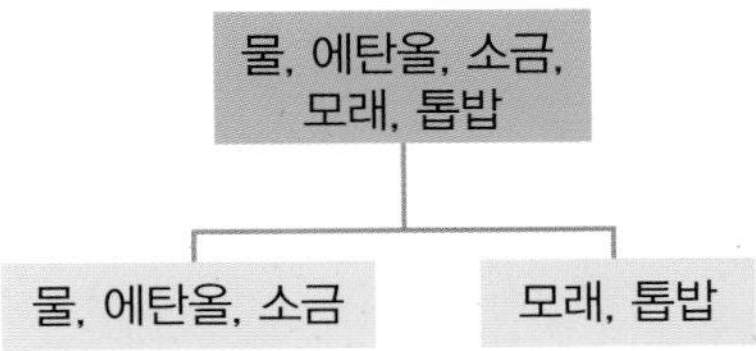


① 증발을 이용해 분리한다.
② 밀도의 차이를 이용해 분리한다.
③ 끓는점의 차이를 이용해 분리한다.
④ 녹는점의 차이를 이용해 분리한다.
⑤ 물에 녹는 물질과 물에 녹지 않는 물질을 분리한다.

# 창의력 & 토론마당

**01** 얼마 전 ○○시에서 물 부족 현상을 해결하기 위해 바닷물을 사람이 마실 수 있는 물로 만든다는 내용을 발표하였다. 어떻게 하면 바닷물을 이용해 마시는 물을 만들 수 있을지 간단히 설명해 보자.

**02** 달팽이 점액은 피부 미백과 주름 방지에 탁월한 효과가 있어 화장품에 자주 사용되는 물질이다. 달팽이로부터 점액을 얻는 두 가지 방법에서 나타나는 달팽이 점액의 특징을 설명해 보자.

〈방법 1〉 달팽이에게 약간의 자극을 주어 달팽이가 점액을 분비하도록 한 후, 물로 씻어내고 달팽이 점액만 걸러낸다.

〈방법 2〉 달팽이를 물에 넣고 끓여 추출한다. 순수 달팽이 점액을 포함한 물질을 추출한다. 순수 달팽이 점액만을 추출하는 것이 아니다.

정답 및 해설 14쪽

**03** 우리 조상들은 다음과 같은 과정을 거쳐서 두부를 만들었다. 두부를 만들 때 사용한 물질의 분리 방법에 대해 설명해 보자.

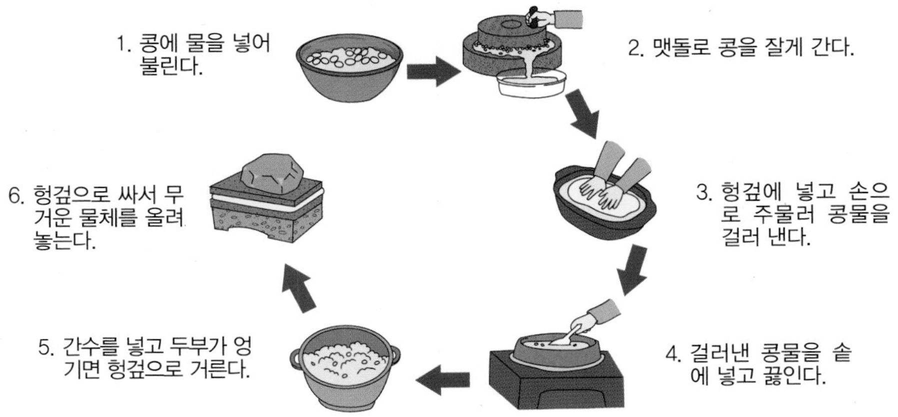

**04** 다음을 보고 물음에 답하시오.

혼합물의 분리 방법을 이용하여 섞여 있는 참기름, 물, 소금, 후추를 분리하는 방법을 쓰시오.

**05** 설탕 대신 단맛을 내는 다이어트 식품으로 널리 알려진 단풍나무 수액은 최근 항암 효과에도 큰 효능이 있는 것으로 밝혀졌다. 수액은 단풍나무에 구멍을 뚫고 관을 꽂아 받아내는데, 일반적으로 수액의 농도를 진하게 만들어 시럽으로 이용한다. 아래는 단풍나무 수액의 구성 성분 표이다. 표를 보고 수액의 농도를 진하게 하는 방법으로는 어떤 것이 있을지 생각해 보자.

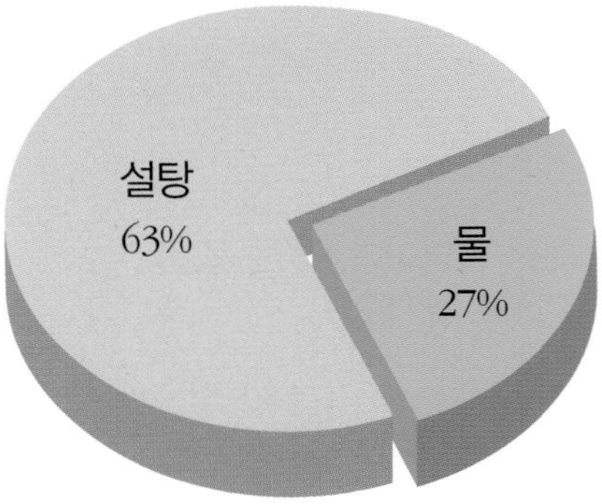

# 스스로 실력 높이기

**01** 다음 괄호 안에 알맞은 말을 넣으시오.

> 거름, 추출, 기체 혼합물의 분리, 재결정은 (　　　) 차이에 의한 분리 방법이다.

**02** 다음은 재결정에 대한 설명이다. 옳은 것은 ○표, 옳지 않은 것은 ×표 하시오.

(1) 불순물을 제거시켜 순수한 결정을 얻는 방법이다. (　　)

(2) 낮은 온도의 용매에 천일염을 녹였다가 가열시키면 순수한 소금이 나온다. (　　)

(3) 온도를 낮춰주는 속도에 따라 결정의 모양과 크기가 달라진다. (　　)

**03** 물에 잘 녹는 고체와 잘 녹지 않는 고체 혼합물을 각각의 물질로 분리하는 방법을 무엇이라 하는가?

**04** 물과 에탄올은 어떤 방법에 의해 분리가 되는지 〈보기〉에서 골라 기호를 쓰시오.

〈 보기 〉

ㄱ. 밀도 차이　ㄴ. 끓는점 차이
ㄷ. 농도 차이　ㄹ. 녹는점 차이

**05** 다음은 기체 혼합물의 분리 방법에 대한 설명이다. 옳은 것은 ○표, 옳지 않은 것은 ×표 하시오.

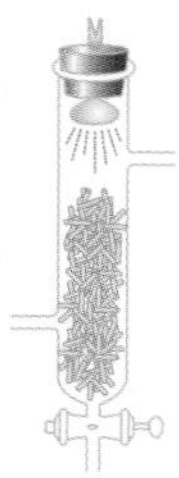

(1) 용매에 잘 녹는 기체와 잘 녹지 않는 기체를 분리하는 방법이다. (　　)

(2) 공기, 질소, 산소, 이산화 탄소는 물에 잘 녹는다. (　　)

(3) 암모니아 기체와 공기를 물에 섞으면 암모니아수와 공기가 만들어진다. (　　)

**06** 다음 〈보기〉의 공통적인 분리 방법은?

〈 보기 〉

· 한약재를 물에 넣고 끓이면 한약 성분이 물에 녹아 나온다.
· 녹차를 뜨거운 물에 넣으면 녹차 성분이 물에 녹아 나온다.

**07** 불순물이 포함된 물질을 높은 온도의 용매에 녹였다가 냉각시켜 석출되는 순수한 결정을 얻는 방법을 무엇이라 하는가?

정답 및 해설 14쪽

**[08~09]** 다음은 여러 가지 방법을 이용한 혼합물의 분리 과정이다.

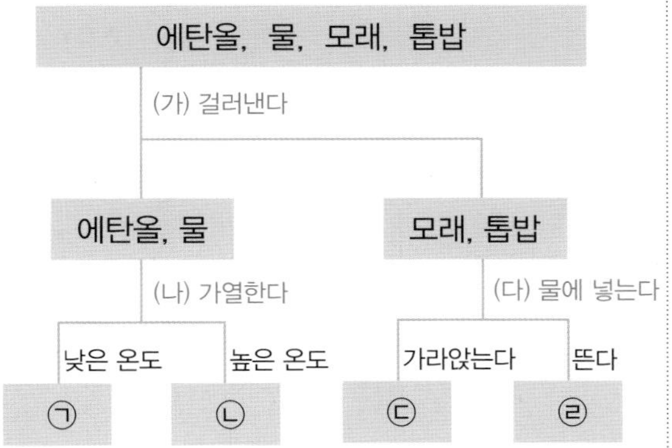


**08** 위의 빈칸(㉠~㉣)에 들어갈 물질을 각각 쓰시오.

㉠ :
㉡ :
㉢ :
㉣ :

**09** 혼합물의 분리 과정에 대한 설명 중 옳지 <u>않은</u> 것은?

① 에탄올은 물에 용해된다.
② (가)는 용해도 차에 의한 분리이다.
③ (나)는 끓는점 차이에 의한 분리이다.
④ (다)는 질량 차이에 의한 분리이다.
⑤ 모래의 밀도가 톱밥의 밀도보다 크다.

**10** 다음 혼합물을 분리할 때 거름 장치가 필요한 것은?

① 물과 식용유　② 물과 에탄올
③ 소금과 모래　④ 물과 소금
⑤ 모래와 톱밥

**11** 불순물이 섞인 질산 칼륨에서 순수한 질산 칼륨을 얻기 위해 이용하는 혼합물의 분리 방법은?

① 거름　② 추출
③ 재결정　④ 분별 증류
⑤ 밀도차에 의한 분리

**12** 다음 중 물에 잘 녹는 기체는?

① 공기　② 질소　③ 산소
④ 암모니아　⑤ 이산화 탄소

**13** 다음 그림 중 재결정 후 소금을 천천히 식혔을 때의 결정의 모양으로 옳은 것은?

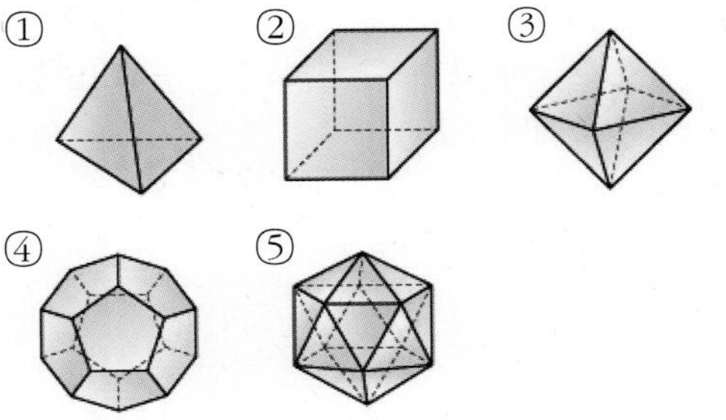


**14** 다음 중 오른쪽 그림과 같은 장치에 넣었을 때 분리되지 않는 기체 혼합물은?

① 산소와 질소
② 산소와 암모니아
③ 공기와 암모니아
④ 공기와 염화 수소
⑤ 공기와 이산화 질소

**15** 옷에 묻은 기름때를 제거할 때 사용되는 방법은?

① 거름 ② 추출
③ 재결정 ④ 분별 증류
⑤ 밀도 차에 의한 분리

**[16~18]** 그림은 소금과 분필 가루를 분리하는 실험 과정을 나타낸 것이다.

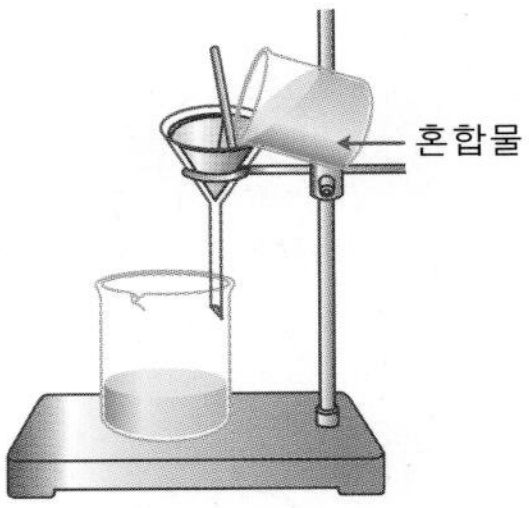


**16** 위 실험에 대한 설명으로 옳은 것을 〈보기〉에서 모두 고른 것은?

〈 보기 〉
ㄱ. 거름에 의한 분리이다.
ㄴ. 밀도 차이에 의한 분리이다.
ㄷ. 소금물은 거름종이를 통과하지만, 분필 가루는 통과하지 못한다.

① ㄱ ② ㄴ ③ ㄷ
④ ㄴ, ㄷ ⑤ ㄱ, ㄷ

**17** 위의 장치를 이용해 분리하기에 적당한 혼합물을 모두 고르시오.(2개)

① 물과 에탄올 ② 에탄올과 톱밥
③ 분필 가루와 모래 ④ 톱밥과 모래
⑤ 모래와 소금

**18** 위의 실험 기구를 이용하여 분리할 수 있는 혼합물의 특징으로 옳은 것은?

① 밀도가 다른 물질의 혼합물
② 용해도가 다른 물질의 혼합물
③ 녹는점이 다른 물질의 혼합물
④ 끓는점이 다른 물질의 혼합물
⑤ 서로 잘 섞이지 않는 물질의 혼합물

**19** 다음은 우리 주변에서 볼 수 있는 몇 가지 현상이다. 다음 현상에서 공통적으로 이용되는 물질의 특성으로 옳은 것은?

- 원두커피를 내린다.
- 콩에서 기름을 분리한다.
- 비가 내린 후 공기가 깨끗해진다.

① 밀도 ② 농도 ③ 녹는점
④ 끓는점 ⑤ 용해도

**20** 다음은 사탕수수로부터 설탕을 얻는 과정을 나타낸 것이다. 혼합물을 분리할 때 이용되는 분리 방법을 바르게 연결하시오.

(1) 잘게 부순 사탕수수를 <u>물에 담가 두었다</u>가 압축기로 눌러 짜낸다. · · 거름

(2) 혼합 용액을 냉각시켜 사탕수수를 <u>걸러내고</u> 가열하여 물을 증발시킨다. · · 추출

## 창의력 서술

**21** 다음은 콩에서 콩기름을 얻는 과정이다.

1. 콩을 잘게 으깬 후 헥세인에 담근다.
2. 혼합물을 거른다.
3. 거른 용액을 가열한다.

콩기름을 만들 때 사용한 물질의 분리 방법에 대해 서술해 보자.

**22** 기름장의 성분이 소금, 후추, 참기름이다. 기름장을 각각의 물질로 분리하기 위한 방법을 간단히 적으시오.

# 우유 속 단백질, 치즈

방금 구워져 나온 피자 조각을 쭉 잡아 당기면 하얗고 길게 늘어나는 고소한 모짜렐라 치즈, 샐러드에 사용되는 모짜렐라, 푸른 곰팡이가 피어 있는 고르곤 졸라, 새콤하고 부드러운 리코타, 부드럽게 흐르는 까망베르 등 이처럼 종류도 다양하고 맛도 다양한 치즈들을 우리는 언제부터 먹기 시작했을까?

▲ 피자의 모짜렐라 치즈

▲ 샐러드의 생모짜렐라 치즈

▲ 고르곤 졸라 치즈

▲ 리코타 치즈

▲ 까망베르 치즈

치즈를 언제부터 먹기 시작했는지 정확한 기록은 없다. 사람들이 젖을 짜서 오래 두었더니 응고되고 발효되어 치즈가 되었다는 설이 있는데, 현재까지 알려진 가장 오래된 이야기는 아라비아 상인의 전설이다.

지금으로부터 약 7,500년 전에 아라비아 상인들이 양의 위로 만든 물주머니에 염소 젖을 넣고 사막을 지나갔는데, 우유를 마시려고 주머니를 열어보니 우유가 흰덩어리와 맑은 액체로 변해있었다고 한다. 이 흰덩어리가 치즈의 기원이라고 알려져 있다. 양의 위에 우유를 넣어 발효시키는 이 방법은 유럽에서 아직도 사용되고 있다.

정답 및 해설 15쪽

▲ 양의 위에 우유를 넣은 모습

▲ 양의 위에서 만들어진 치즈

치즈는 우유 속에 들어 있는 카제인이라는 단백질을 응고시켜 만든다. 고기에 들어 있는 단백질은 가열하면 단단하게 굳는데 우유 속에 들어 있는 단백질은 가열을 해도 단단하게 굳지 않는다. 그렇다면 사막을 지나온 우유가 응고되어 덩어리가 된 까닭은 무엇일까? 그것은 양의 위 속에 들어 있는 소화 효소 때문이다. 우유에는 단백질이 굳어지지 않도록 돕는 물질이 있는데 소화 효소가 이 물질을 분해해서 카제인이 뭉칠 수 있도록 돕는다.

카제인을 응고시키는 또 다른 방법은 산성 물질을 넣는 것이다. 산성은 식초, 레몬즙처럼 신맛을 내는 물질인데, 우유에 산성 물질을 넣으면 단백질이 응고되는 현상이 나타난다. 우유에 레몬즙을 넣어 응고시킨 후 거르면 코티지 치즈를 얻을 수 있다.

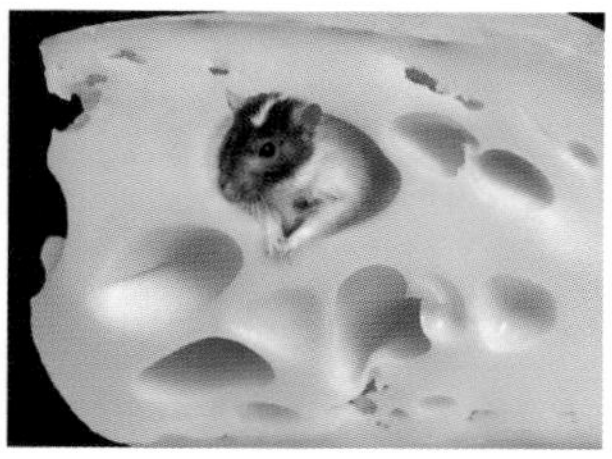

그렇다면 만화 속에서 생쥐가 좋아하는 치즈는 왜 구멍이 뚫려 있을까? 이 치즈는 에멘탈이라 불리는데, 프로피오니 박테리아를 넣어 만든다. 프로피오니 박테리아는 치즈 속의 젖산을 먹고 아세트산과 이산화 탄소를 내놓기 때문에 치즈는 버터처럼 부드러우면서 톡 쏘는 맛이 나고 커다란 구멍이 숭숭 뚫려 있게 된다. (프로피오니 박테리아는 동물의 피부에 사는데 울긋불긋 여드름을 만들기도 한다.)

**Q1** 치즈는 우유에서 단백질만 분리하여 만든다. 이처럼 혼합물에서 한 가지 물질만을 분리해내는 방법을 이용한 다른 예시를 쓰시오.

**Q2** 새로운 치즈를 만든다면 어떤 특징이 첨가된 치즈를 만들고 싶은지 쓰시오.

# Project - 탐구

## [탐구-1] 우유로 플라스틱 만들기

준비물 | 우유, 식초, 모양틀, 비커, 거름장치(깔때기, 거름종이, 링클램프, 스텐드), 알코올램프 가열장치

① 우유 500 mL를 비커에 넣어 끓인다.

② 우유에 덩어리가 생기기 시작하면 식초를 10 mL 넣는다.

③ 식초를 넣은 후 서너 번 저어준 후 약한 불에서 맑은 액체가 생길 때까지 끓여 준다.

④ 불을 끄고 거름 장치를 만든 후 걸러준다.

⑤ 걸러진 고체 물질로 모양을 만들거나, 모양 틀에 넣어 준다.

⑥ 그늘에서 잘 말려 준다.

정답 및 해설 15쪽

탐구 결과

1. 우유는 여러 가지 물질이 섞여 있는 혼합물이다. 우유가 균일 혼합물인지, 불균일 혼합물인지 관찰 결과를 토대로 설명하시오.

2. 탐구 결과 만들어진 플라스틱은 흰색이다. 다음과 같이 색이 있는 플라스틱을 만들려고 한다. 어떤 방법이 있는지 3가지 이상 쓰시오.

재밌는 실험 리코타 치즈 만들기

준비물 I 우유, 생크림, 레몬즙, 소금, 거름천, 냄비, 가열장치

① 우유 1000 mL 와 생크림 500 mL 를 넣고 냄비에 넣고 끓인다.
(우유만 넣어도 된다.)
② 우유가 끓으면서 뭉글뭉글 고체가 생기면 레몬즙(레몬 1개분)과 소금을 조금 넣어 준다.
③ 우유가 고체와 맑은 액체로 분리되면 냄비의 불을 끈다.
④ 체에 천을 받치고 물기가 적당히 빠지면 천을 뭉쳐서 꼭 짜준다.
(물기가 완전히 빠질 때까지 하루를 그냥 두어도 좋다.)
⑤ 물기를 제거하고 냉장고에 넣어 두면 조금 더 탱탱한 치즈를 맛볼 수 있다.

# Project - 탐구

## [탐구-2] 싸인펜 색소의 분리

준비물 | 크로마토그래피용지, 수성 사인펜, 유성 사인펜, 눈금실린더

① 크로마토그래피 용지의 한쪽 끝에서 1 cm 되는 곳에 선을 긋고, 수성 사인펜과 유성 사인펜으로 선의 가운데에 점을 각각 찍는다.

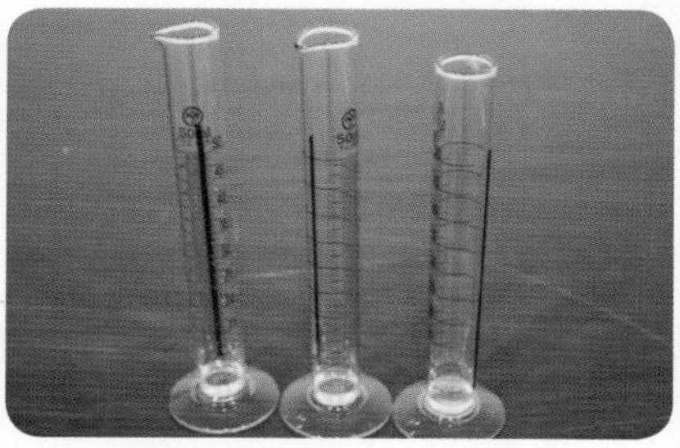

② 눈금실린더의 바닥으로부터 0.5 cm 정도 높이까지 물을 채워 넣는다. (눈금실린더 안쪽 벽면에 물을 묻히지 않도록 주의한다.)

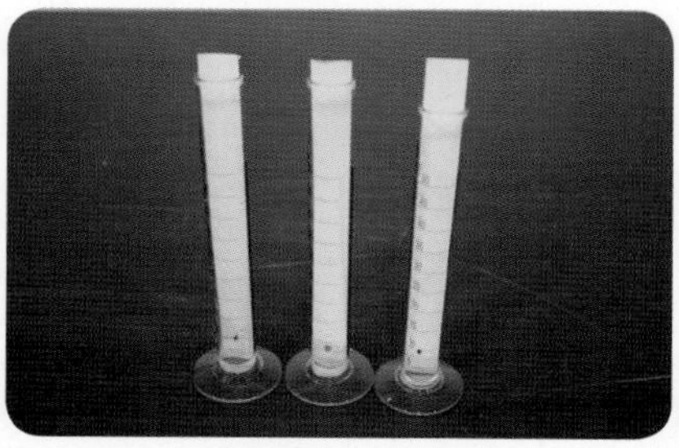

③ 점을 찍은 크로마토그래피 용지를 눈금실린더에 세워 놓는다. (사인펜 점이 물에 잠기지 않도록 주의한다.)

④ 크로마토그래피 용지를 고정하고 시간이 지나면서 아래 부분에서 변화되는 모습을 관찰한다.

정답 및 해설 15쪽

탐구 결과

| | 유성 사인펜(붉은색) | 수성 사인펜(붉은색) | 수성 사인펜(검은색) |
|---|---|---|---|
| 포함된 색소의 종류 | | | |

탐구 문제

**1.** 다음은 사인펜 색소가 분리되는 과정을 설명한 글이다. 빈 칸에 알맞은 말을 써 넣으시오.

> 종이에 수성 사인펜으로 점을 찍어 물에 담가 놓으면 물이 종이를 따라 위로 올라간다. 사인펜의 점이 물을 따라 위로 ㉠( ) 종이 위에 여러 가지 색이 나타난다. 이것으로 수성 사인펜은 여러 가지 색소가 섞여 있는 ㉡( ) 이라는 것을 알 수 있다.

**2.** 유성 사인펜은 분리가 잘 되지 않는다. 이유가 무엇인지 쓰시오.

**3.** 크로마토그래피 용지를 이용하여 사인펜 색소를 분리했더니 오른쪽 그림과 같은 결과가 나왔다. 다음 물음에 답하시오.

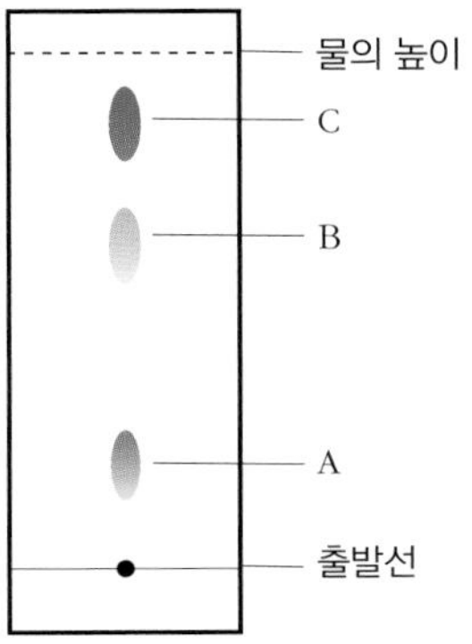


**(1)** 혼합된 성분 물질의 최소 개수는?

**(2)** 성분 물질의 이동 속도를 부등호(>, <, =)로 비교하시오.

**(3)** 물에 더 잘 녹는 색소는 무엇인지 기호로 나타내시오.

# Ⅶ 물질의 결합과 변화

SCIENC

화합물이 만들어지는 화학 반응식을 완성할 수 있을까?

# 21강. 화학 변화 Ⅰ

## 1. 물리 변화

**(1) 물리 변화** : 물질의 고유한 성질은 변하지 않고 모양, 크기, 상태만 변하는 현상이다.

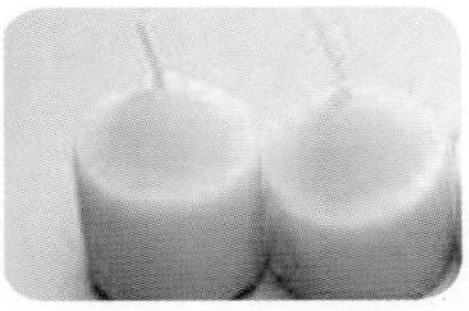

⇒ 가열

⇒ 냉각

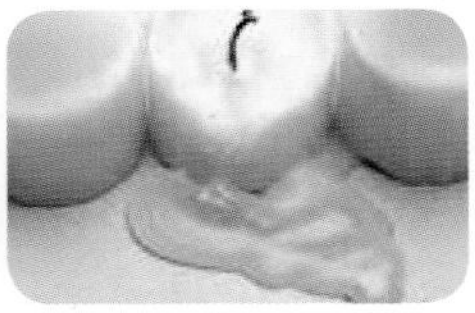

양초 (파라핀 – 고체) 촛농 (파라핀 – 액체) 양초 (파라핀 – 고체)

물질의 성질은 변하지 않고 물질의 상태만 변화한다.

**(2) 물리 변화에 의한 현상**

| | | |
|---|---|---|
|  |  |  |
| 드라이아이스가 작아진다 (승화) | 얼음이 녹는다 (융해) | 물이 끓는다 (기화) |
|  |  | 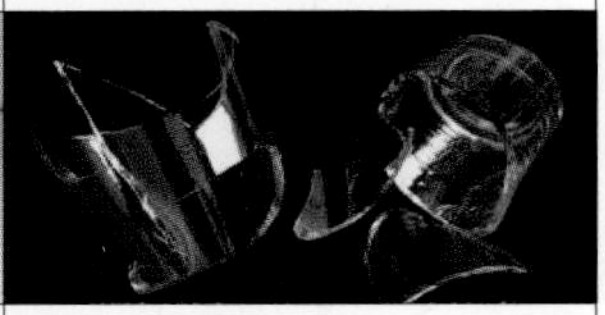 |
| 아이스크림이 녹는다 (융해) | 황산 구리가 물에 녹는다 (용해) | 유리가 깨진다 (모양 변화) |

● 생각해보기★

황산 구리가 물에 녹았다가 다시 결정으로 만들어질 때의 변화는 물리 변화일까?

**개념확인 1** 다음 빈칸에 알맞은 말을 쓰시오.

(　　　　) 변화란 어떤 물질이 성질은 변하지 않고 모양이나 상태만 변하는 현상을 말한다.

**확인 +1** 다음 〈보기〉에서 물리 변화를 모두 고른 것은?

〈보기〉

ㄱ. 물이 끓는다. ㄴ. 유리가 깨진다.
ㄷ. 성냥이 불에 탄다. ㄹ. 아이스크림이 녹는다.

① ㄱ, ㄷ ② ㄴ, ㄹ ③ ㄱ, ㄴ, ㄷ
④ ㄱ, ㄴ, ㄹ ⑤ ㄴ, ㄷ, ㄹ

**미니사전**

고유 어떤 사물에만 특별히 있는 것

파라핀 석유에서 얻어지는 흰색의 반투명한 고체

## 2. 화학 변화

**(1) 화학 변화** : 어떤 물질이 본래의 성질과 전혀 다른 성질의 새로운 물질로 변하는 현상이다.

 ⇒  ⇒ 

나무를 태우면 열과 빛이 나면서 기체와 재가 생성된다. ⇒ 장작 ≠ 재

**(2) 화학 변화에 의한 현상**

| | | |
|---|---|---|
|  |  |  |
| 철이 녹슨다 (산화) | 고기가 익는다 (변성) | 김치가 익는다 (발효) |
|  |  |  |
| 과일이 썩는다 (부패) | 아이오딘화 납의 생성 (앙금) | 물질을 태운다 (연소) |

간단실험

성냥의 연소

① 성냥에 불을 붙여 본다.

② 다른 물질로 변하는지 관찰한다.

화학 변화가 일어날 때의 특징

① 물질의 색이 변하거나 새로운 냄새가 난다.

② 고체 물질인 앙금이 생성되거나 기포가 발생한다.

③ 빛이나 열이 발생한다.

정답 및 해설 **16쪽**

**개념확인 2** 물질이 본래의 성질과 전혀 다른 새로운 물질로 변하는 현상을 무엇이라고 하는지 쓰시오.

( ) 변화

**확인 + 2** 다음 물질의 변화 중 화학 변화로 일어나는 현상이 아닌 것은?

① 과일이 썩는다.
② 아이스크림이 녹는다.
③ 나무가 타서 재가 된다.
④ 김치가 익어서 신맛이 난다.
⑤ 못을 공기 중에 놓아 두니 녹슬었다.

생각해보기★★

철이 화학 변화되어 생성된 붉은색 녹(산화 철)을 다시 철로 만들 수 있을까?

**미니사전**

발효 효모나 세균에 의한 물질의 분해로 산이나 탄산 가스 등을 만드는 작용

부패 물질의 불완전 분해로 악취와 독성의 물질이 생성되는 작용

● 철과 황의 혼합과 화합

· 혼합물 : 철과 황의 성질이 그대로 남아 있다.

· 화합물 : 철과 황이 서로 결합하여 만들어진 황화 철은 새로운 성질을 갖는다.

▲ 철과 황의 혼합물

▲ 황화 철

● 치환 반응의 또 다른 예

앙금 생성 반응 : 두 가지 전해질을 섞었을 때 물에 녹지 않는 새로운 물질이 생기는 반응이다.

염화 은

염화 나트륨 + 질산 은
→ 염화 은↓ + 질산 나트륨

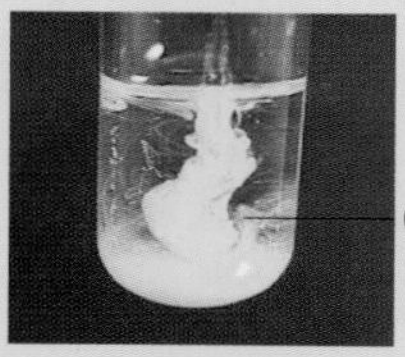

아이오딘화 납

아이오딘화 칼륨 + 질산 납
→ 아이오딘화 납↓ + 질산 칼륨

## 3. 화학 반응의 종류 1

**(1) 화합** : 두 가지 이상의 물질이 결합하여 새로운 물질을 생성하는 반응이다.

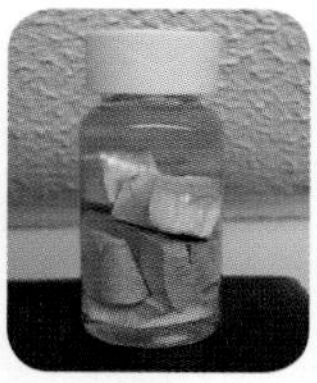

나트륨

+

염소 기체

소량의 물 ⇒

소금(염화 나트륨)

철

+

황

가열 ⇒

황화 철

**(2) 치환** : 화합물을 구성하는 성분 물질이 서로 자리 바꿈하는 화학 반응이다.

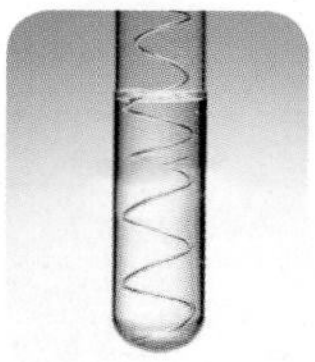

질산 은 수용액 + 구리 선

⇒

질산 구리 수용액 + 은

**개념확인 3** 다음 보기의 반응을 화합과 치환으로 구분하여 기호를 쓰시오.

〈보기〉

ㄱ. 철가루와 황가루를 섞어 가열하면 황화 철이 생성된다.

ㄴ. 질산 은 수용액에 구리선을 넣으면 금속 은이 석출된다.

ㄷ. 염소 기체와 나트륨 금속이 반응하면 염화 나트륨이 생성된다.

ㄹ. 아이오딘화 칼륨 수용액과 질산 납 수용액을 서로 섞으면 아이오딘화 납이 석출된다.

(1) 화합 : (　　　　　　　)

(2) 치환 : (　　　　　　　)

**확인 + 3** 다음 빈칸에 알맞은 말을 〈보기〉에서 골라 기호로 쓰시오.

〈보기〉

ㄱ. 원래의　　　ㄴ. 새로운

화합이나 치환 반응이 일어나면 물질은 ①(　　　　) 성질을 잃고 전혀 다른 성질의 ②(　　　　) 물질이 된다.

## 4. 화학 반응의 종류 2

**(1) 분해** : 한 물질이 두 가지 이상의 물질로 나누어지는 반응이다.

① 열 분해 : 열에 의한 분해

탄산 수소 나트륨 $\xrightarrow{\text{가열}}$ 탄산 나트륨 + 이산화 탄소 + 물

② 촉매 분해 : 촉매에 의해 일어나는 분해

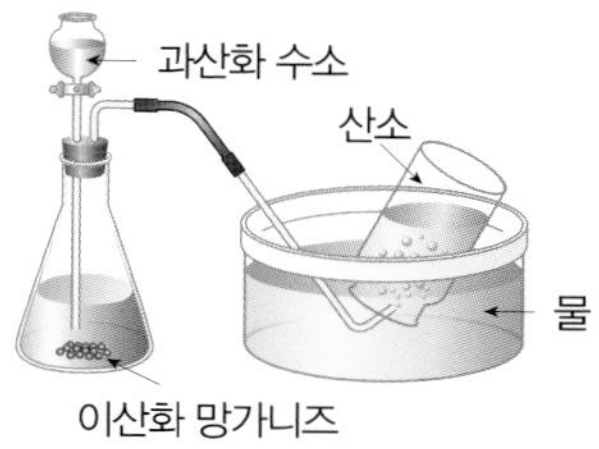


과산화 수소 $\xrightarrow{\text{이산화 망가니즈}}$ 물 + 산소

③ 전기 분해 : 전류를 흐르게 하여 일어나는 분해

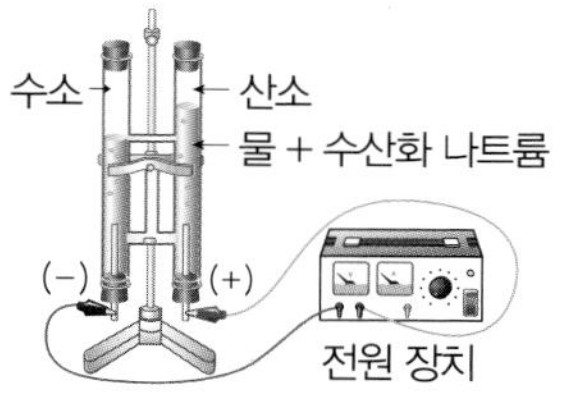


물 $\xrightarrow{\text{전류}}$ 수소 + 산소

> **간단실험**
> **탄산수소 나트륨의 열분해**
> 준비물 : 탄산수소 나트륨, 석회수, 시험관, 집기병, 고무마개, 유리관, 스텐드, 알코올램프 가열장치
>
> 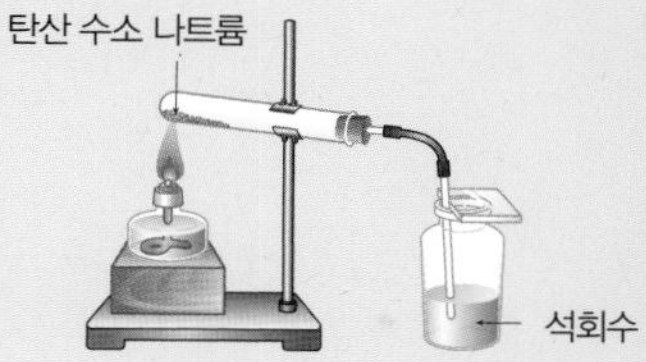
> 
>
> ① 열분해 장치를 꾸민다.
> ② 탄산 수소 나트륨을 가열한다.
> ③ 석회수가 뿌옇게 흐려지는지 관찰한다.

> **촉매**
> ① 화학 반응의 속도를 빠르게 하거나 느리게 해 주는 물질
> ② 화학 반응을 도와주기만하고 자신은 반응에 참여하지 않는다.

정답 및 해설 16쪽

**개념확인 4** 다음 〈보기〉의 반응 중 분해 반응인 것을 모두 고른 것은?

〈보기〉

ㄱ. 물에 전류를 흘려주면 수소 기체가 발생된다.
ㄴ. 철가루와 황가루를 섞어 가열하면 황화 철이 생성된다.
ㄷ. 탄산 수소 나트륨을 가열하면 이산화 탄소 기체가 발생한다.

① ㄱ ② ㄴ ③ ㄷ
④ ㄱ, ㄷ ⑤ ㄴ, ㄷ

> **생각해보기★★★**
> 물을 전기 분해하면 수소 기체와 산소 기체가 발생한다. 그렇다면 수소 기체와 산소 기체를 이용하여 물을 만들 수도 있을까?

**확인 + 4** 다음은 과산화 수소의 촉매 분해와 물의 전기 분해를 나타낸 화학 반응식이다. 빈칸에 공통으로 들어가는 물질은 무엇인지 쓰시오.

과산화 수소 $\xrightarrow{\text{이산화 망가니즈}}$ 물 + (　　)

물 $\xrightarrow{\text{전류}}$ 수소 + (　　)

# 개념 다지기

**01** 다음 빈칸에 들어갈 말로 바르게 짝지어진 것은?

> 물질이 본래의 성질과 전혀 다른 새로운 성질의 물질로 변하는 현상을 ㉠(　　　) 변화라 하고, 물질의 성질은 변하지 않고 물질의 모양이나 상태만 변하는 현상을 ㉡(　　　) 변화라 한다.

| | ㉠ | ㉡ |
|---|---|---|
| ① | 상태 | 물리 |
| ② | 물리 | 화학 |
| ③ | 화학 | 물리 |
| ④ | 상태 | 화학 |
| ⑤ | 물리 | 상태 |

**02** 다음 〈보기〉의 현상 중 물리 변화인 것을 모두 고른 것은?

〈보기〉

ㄱ. 유리컵이 떨어지면서 깨졌다.
ㄴ. 배추 김치가 익어서 신맛이 났다.
ㄷ. 놀이터에 있는 그네가 녹이 슬었다.
ㄹ. 설탕을 물에 녹여 설탕물을 만들었다.

① ㄱ, ㄴ　② ㄱ, ㄷ　③ ㄱ, ㄹ
④ ㄴ, ㄷ　⑤ ㄷ, ㄹ

**03** 다음 중 화학 변화만의 특징이 <u>아닌</u> 것은?

① 물질의 색이 변한다.
② 물질의 크기가 작아진다.
③ 물질에서 기포가 발생한다.
④ 물질에서 새로운 냄새가 난다.
⑤ 고체 물질인 앙금이 생성된다.

**04** 다음 〈보기〉의 현상에서 공통으로 일어나는 화학 반응은?

〈보기〉

ㄱ. 나트륨과 염소 기체가 반응하여 소금이 생성되었다.
ㄴ. 철가루와 황가루를 섞어 가열하면 황화 철이 생성된다.

① 분해　② 혼합　③ 치환
④ 화합　⑤ 앙금 생성

**[05~06]** 다음 그림은 철가루와 황가루를 섞어 황화 철을 생성하는 과정을 모형으로 나타낸 것이다.

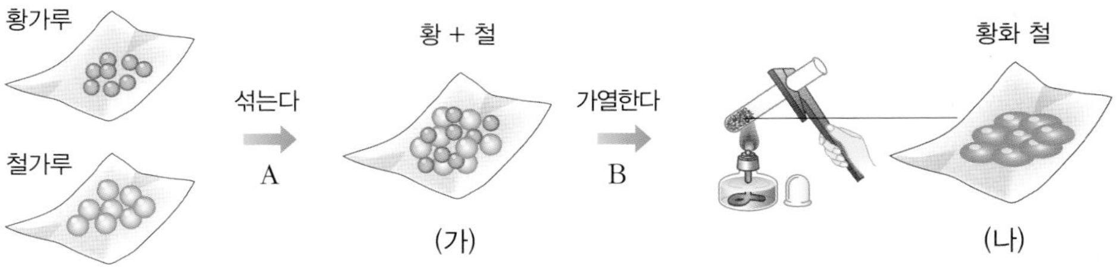


**05** A와 B에서 일어나는 반응으로 바르게 짝지어진 것은?

| | A | B | | A | B | | A | B |
|---|---|---|---|---|---|---|---|---|
| ① | 상태 | 물리 | ② | 물리 | 화학 | ③ | 화학 | 물리 |
| ④ | 상태 | 화학 | ⑤ | 물리 | 상태 | | | |

**06** 위 모형에 대한 설명으로 옳지 <u>않은</u> 것은?

① (가)는 혼합물이다.
② (나)는 화합물이다.
③ 황화 철이 생성되는 반응은 열분해이다.
④ (가)에서 황과 철은 각각의 성질을 그대로 갖는다.
⑤ (나)에서 황화 철은 황 또는 철과는 다른 성질을 갖는다.

**07** 다음의 화학 반응 중 분해에 해당하는 것을 <u>모두</u> 고르시오.(2개)

① 수소 + 산소 → 물
② 과산화 수소 → 산소 + 물
③ 나트륨 + 염소 →염화 나트륨
④ 질산 은 + 구리 → 질산 구리 + 은
⑤ 탄산 수소 나트륨 → 탄산 나트륨 + 이산화 탄소 + 물

# 유형 익히기 & 하브루타

## [유형21-1] 물리 변화

다음은 황산 구리를 물에 녹여 황산 구리 수용액을 만든 모습을 나타낸 것이다. 황산 구리가 물에 녹을 때 일어나는 변화와 같은 변화 과정을 갖는 것을 〈보기〉에서 모두 고른 것은?

황산 구리

물에 녹인다 →

황산 구리 수용액

〈보기〉

ㄱ. 철로 만든 칼이 녹슬었다.
ㄴ. 얼음이 녹아서 물이 되었다.
ㄷ. 드라이아이스의 크기가 작아졌다.

① ㄱ ② ㄴ ③ ㄷ ④ ㄱ, ㄴ ⑤ ㄴ, ㄷ

Tip!

**01** 다음 설명 중 옳은 것은 ○표, 옳지 않은 것은 ×표 하시오.

(1) 물질의 상태가 변하는 과정은 물리 변화이다. ( )

(2) 단풍든 잎은 단풍이 들기 전 잎과 크기의 변화가 없으므로 단풍은 물리 변화이다. ( )

(3) 유리컵이 깨져서 조각이 나도 유리의 성질은 변하지 않으므로 깨지는 과정은 물리 변화이다. ( )

**02** 다음 중 물질의 변화 과정이 나머지 넷과 다른 하나는?

① 아이스크림이 녹는다.
② 얼음이 녹아 물이 된다.
③ 물이 끓어 수증기가 된다.
④ 과일이 썩어서 냄새가 난다.
⑤ 설탕이 물에 녹아 설탕물이 된다.

## [유형21-2] 화학 변화

다음 〈보기〉는 여러 가지 물질의 변화를 나타낸 것이다. 화학 변화가 일어난 것을 모두 고른 것은?

〈보기〉

ㄱ. 과일이 상하면서 검게 변했다.

ㄴ. 김치가 익어서 신 맛이 난다.

ㄷ. 나무에 불이 붙어 재가 되었다.

① ㄱ ② ㄷ ③ ㄱ, ㄴ ④ ㄴ, ㄷ ⑤ ㄱ, ㄴ, ㄷ

**03** 물질의 변화 과정에서 다음과 같은 현상이 나타났을 때, 화학 반응이 일어나지 않은 것은?

① 기체가 생성된다.
② 물질의 색이 바뀐다.
③ 물질의 상태가 변한다.
④ 물질에서 새로운 맛이 난다.
⑤ 물질에서 새로운 냄새가 난다.

**04** 다음 〈보기〉의 물질의 변화 과정에서 물질의 성질이 변하는 것을 모두 고른 것은?

〈보기〉

ㄱ. 놀이터의 그네가 녹슬었다.
ㄴ. 불판 위에 놓인 고기가 익는다.
ㄷ. 금속 화합물을 연소시켜 불꽃놀이를 한다.

① ㄱ ② ㄷ ③ ㄱ, ㄴ
④ ㄴ, ㄷ ⑤ ㄱ, ㄴ, ㄷ

Tip!

**[유형21-3]** 화합과 치환 반응

다음은 나트륨과 염소의 반응을 알아보기 위한 실험이다. 염소 기체가 들어 있는 유리병에 금속 나트륨을 작게 잘라 넣었더니 불꽃이 일어난 후 흰색의 고체 물질이 생겼다. 흰색 고체 물질은 무엇이며, 염소와 나트륨이 만나 새로운 물질을 생성하는 화학 반응의 종류는 무엇인지 각각 쓰시오.

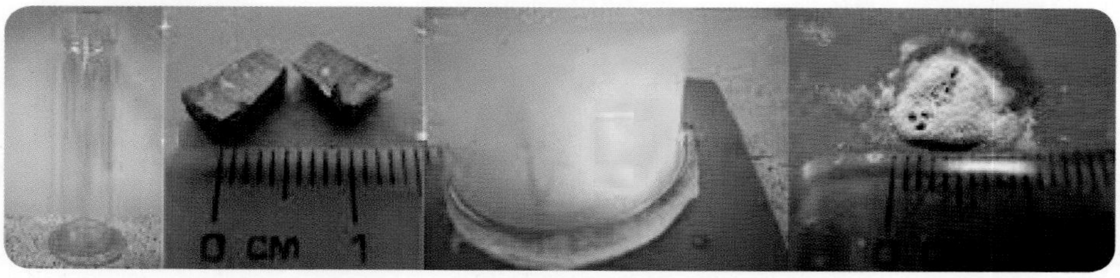


염소 기체　　나트륨　　염소 기체 + 나트륨　　흰색 고체

· 흰색 고체 물질 :

· 화학 반응의 종류 :

**Tip!**

**05** 철가루와 황가루를 잘 섞어 가열하면 철이나 황과는 전혀 다른 새로운 물질이 생성된다. 이때 생성된 새로운 물질은 무엇인지 이름을 쓰시오.

$$\text{철} + \text{황} \xrightarrow{\text{가열}} (\qquad\qquad)$$

**06** 아래 그림은 질산 은을 물에 녹인 용액에 구리선을 담가 놓은 모습을 나타낸 것이다. 이후 일어날 변화에 대한 설명으로 옳지 <u>않은</u> 것은?

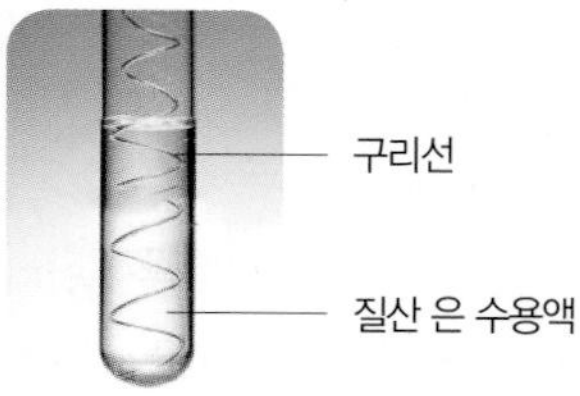


① 용액의 색이 점점 푸르게 변한다.
② 구리선 표면에 가루 물질이 생성된다.
③ 성분 물질이 자리 바꿈하는 반응이 일어난다.
④ 질산과 구리의 화합으로 질산 구리가 생성된다.
⑤ 반응을 식으로 나타내면 질산 은 + 구리 → 질산 구리 + 은이다.

정답 및 해설 17쪽

## [유형21-4] 분해 반응

아래 그림은 과산화 수소에 이산화 망가니즈를 넣었을 때 일어나는 변화를 관찰하기 위한 실험이다.

이 실험에 대한 설명으로 옳지 않은 것은?

① 과산화 수소의 분해 반응이다.
② 이산화 망가니즈는 촉매로 작용한다.
③ 발생하는 기체는 물에 잘 녹지 않는다.
④ 이산화 망가니즈는 반응이 빠르게 일어나도록 도와준다.
⑤ 발생된 기체를 석회수에 통과시키면 석회수가 뿌옇게 흐려진다.

**07** 다음은 물의 전기 분해 과정을 나타낸 것이다. 물을 전기 분해할 때 생성되는 물질 두 가지를 쓰시오.

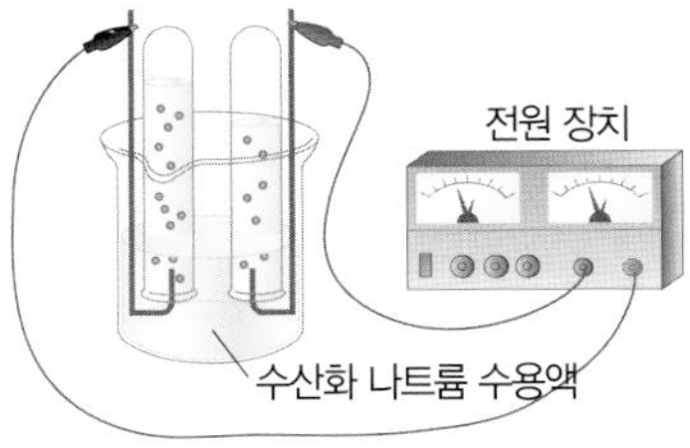


( ), ( )

**08** 다음은 산화 은의 분해 반응을 나타낸 화학 반응식이다. 산화 은이 분해되는 것과 같은 화학 반응을 무엇이라 하는지 빈칸에 알맞은 말을 쓰시오.

$$\text{산화 은} \xrightarrow{\text{가열}} \text{은} + \text{산소}$$

( ) 분해

**Tip!**

# 창의력 & 토론마당

## 01

아래 그림을 보고 다음 물음에 답하시오.

A, B, C 국자 안에서 일어나는 변화를 선택하여 ○표 하고, 그 이유를 쓰시오.

| | |
|---|---|
| A  | · (물리, 화학) 변화<br>· 이유 : |
| B  | · (물리, 화학) 변화<br>· 이유 : |
| C  | · (물리, 화학) 변화<br>· 이유 : |

정답 및 해설 17쪽

**02** 주아는 친구들과 놀다가 넘어져 무릎에서 피가 났다. 엄마가 보시더니 상처를 물로 씻고 소독약을 발라 주셨는데, 상처에서 거품이 많이 생겨났다. 어떤 실험을 해보면 소독약의 거품이 약품에 용해되어 있던 기체인지, 다른 반응에 의해 생겨난 기체인지를 확인할 수 있을까? 간단하게 설명해 보시오. (단, 소독약은 과산화 수소를 물로 묽혀 놓은 과산화 수소수이다.)

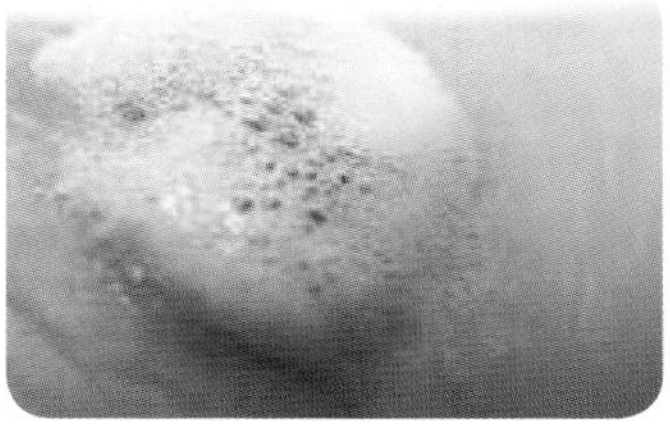

**03** 사과의 껍질을 벗겨서 공기 중에 놓아 두면 사과의 색이 누렇게 변하는 갈변 현상이 나타난다. 사과 속에 들어 있는 화합물이 공기와 만나 화학 반응이 일어나면 사과가 누렇게 변화되는 것이다. 갈변이 일어났다고 해서 우리 몸에 나쁜 화합물이 생기는 것은 아니지만 사과의 영양소가 손실되고 맛이 떨어지게 된다.

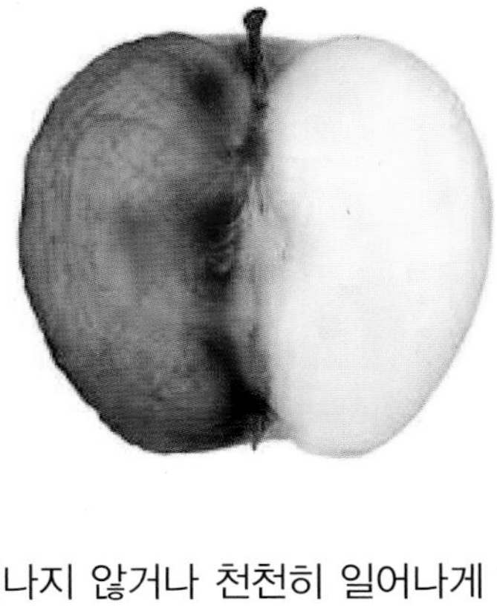

사과에 갈변 현상이 일어나지 않거나 천천히 일어나게 할 수 있는 방법을 3가지 이상 쓰시오.

**04** 밀가루에 베이킹 파우더(탄산수소 나트륨 함유)를 넣고 반죽한 후 가열하면 빵이 부풀어 오르면서 커진다.

밀가루 반죽이 빵이 될 때 일어나는 화학 변화를 3가지 이상 쓰시오.

**05** 알코올 로켓은 알코올의 연소를 이용한 것이다. 연소란 물질이 산소와 급격히 만나 열과 빛을 내는 현상인데, 알코올이 연소되면 물(수증기)과 이산화 탄소가 생성된다. 알코올 로켓 안에 알코올을 한 방울 넣고 압전기로 스파크를 주면 알코올이 산화되면서 로켓이 폭발하듯 앞으로 나아간다.

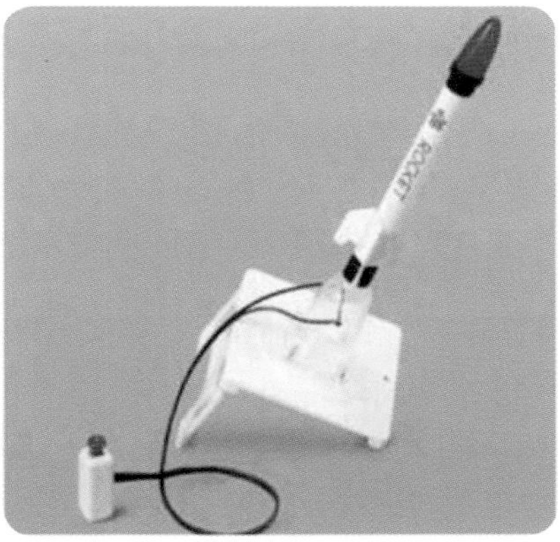

(1) 알코올이 연소되는 반응은 물리 변화인가, 화학 변화인가?

(2) 로켓이 폭발하듯이 앞으로 나아가는 이유를 알코올의 연소 반응으로 생성되는 물질을 이용하여 설명하시오.

# 스스로 실력 높이기

**01** 승화, 응고,기화 등의 상태 변화는 겉모습은 달라지지만 물질의 성질이 변하지 않는다. 이런 변화를 무엇이라 하는가?

( ) 변화

**02** 다음 설명 중 옳은 것은 ○표, 옳지 않은 것은 ×표 하시오.

(1) 물리 변화가 일어나면 물질의 모양, 상태, 성질이 모두 변화한다. ( )

(2) 화학 변화가 일어나면 원래의 물질과 다른 새로운 물질이 생성된다. ( )

(3) 물을 끓이면 기포가 발생하므로 화학 반응이 일어난 것이다. ( )

**03** 다음 〈보기〉의 물질의 변화를 물리 변화와 화학 변화로 나누어 기호로 쓰시오.

〈보기〉

ㄱ. 과일이 썩어서 냄새가 난다.
ㄴ. 물을 끓이면 물이 수증기가 된다.
ㄷ. 아이스크림이 녹아서 흘러내린다.
ㄹ. 고기를 가열된 불판에 올리면 익는다.

· 물리 변화 :
· 화학 변화 :

**04** 다음 괄호 안에 알맞은 말을 주어진 단어에서 찾아 써 넣으시오.

| 앙금 | 자리 바꿈 | 결합 | 분해 | 발생 |
|---|---|---|---|---|

(1) 화합이란 두 가지 이상의 물질이 ( ) 하여 새로운 물질이 생성되는 반응이다.

(2) 치환은 화합물을 구성하는 성분 물질 중 일부가 다른 물질로 ( )하는 반응이다.

(3) ( )은(는) 한 물질이 두 물질 이상으로 나누어지는 반응이다.

**05** 다음은 철가루와 황가루가 반응하여 황화 철이 생성되는 반응을 식으로 나타낸 것이다. 이러한 화학 변화의 종류를 쓰시오.

$$\text{철} + \text{황} \xrightarrow{\text{가열}} \text{황화 철}$$

**06** 다음 빈칸에 알맞은 말을 고르시오.

철가루와 황가루를 가열하여 형성된 황화 철은 자석에 ( 붙는다, 붙지 않는다 ).

**07** 질산 은 수용액에 구리 선을 담그면 용액이 푸른색으로 변하면서 구리선 주변으로 흰색 물질이 생성된다. 이 흰색 물질의 이름을 쓰시오.

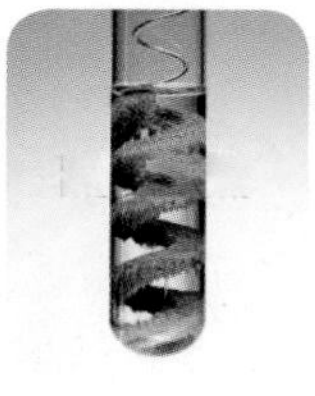

정답 및 해설 18쪽

**08** 다음은 탄산수소 나트륨을 열분해 하는 장치를 나타낸 것이다.

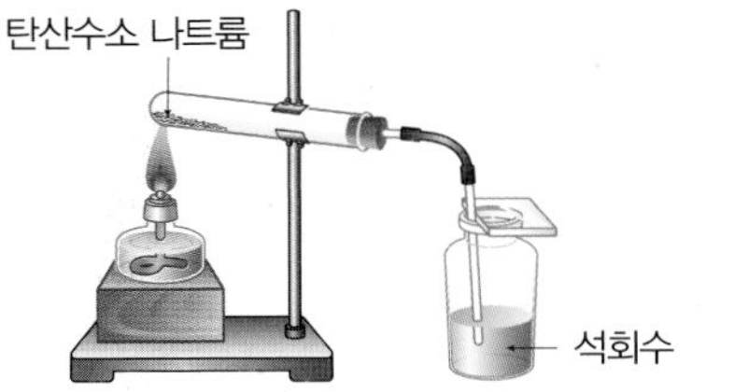


석회수를 이용하여 확인할 수 있는 물질의 이름을 쓰시오.

**09** 과산화 수소는 물과 산소로 분해되는데, 이산화 망가니즈를 넣어 주면 과산화 수소의 분해 속도가 빨라진다. 이산화 망가니즈처럼 화학 변화의 속도를 조절해 주는 성질을 무엇이라 하는가?

**10** 다음 〈보기〉의 반응 중 기체가 생성되는 경우를 모두 고른 것은?

〈보기〉
ㄱ. 황산 구리 가열
ㄴ. 탄산수소 나트륨을 가열
ㄷ. 과산화 수소에 이산화 망가니즈 넣어줄 때

① ㄱ ② ㄴ ③ ㄷ
④ ㄱ, ㄴ ⑤ ㄴ, ㄷ

**11** 다음 반응 중 물리 변화에 속하는 것을 모두 고르시오.(2개)

① 물 → 얼음
② 물 → 산소 + 수소
③ 설탕 + 물 → 설탕물
④ 철 + 황 → 황화 철
⑤ 염소 + 나트륨 → 염화 나트륨

**12** 다음 중 물질의 변화가 나머지 넷과 다른 하나는?

① 과일이 점점 익어간다.
② 음식물이 위에서 소화된다.
③ 철로 만든 대문에 녹이 슬었다.
④ 달걀을 끓는 물에 넣었더니 익었다.
⑤ 얼음물이 담긴 컵 표면에 물방울이 맺힌다.

**13** 다음 물질의 변화 과정 중 물질의 성질이 변하지 않는 것은?

① 불판 위에 놓인 고기가 익는다.
② 금속 화합물로 불꽃 놀이를 한다.
③ 책상 위에 놓인 드라이아이스의 크기가 작아진다.
④ 질산 은에 염화 나트륨을 넣으면 흰색 앙금이 생긴다.
⑤ 상처 부위에 소독약(과산화 수소수)을 바르니 거품이 난다.

**14** 다음 물질의 변화 중 화학 변화인 것을 모두 고르시오.(2개)

① 물이 수소와 산소로 분해된다.
② 철을 연소시키면 산화 철이 생성된다.
③ 접시가 바닥에 떨어져 산산조각이 났다.
④ 물에 떨어진 잉크가 물속으로 퍼져나간다.
⑤ 흑설탕을 물에 녹이면 물이 갈색으로 변한다.

**[15~16]** 다음은 황가루와 철가루를 섞어 가열하는 모습을 나타낸 것이다. 다음 물음에 답하시오.

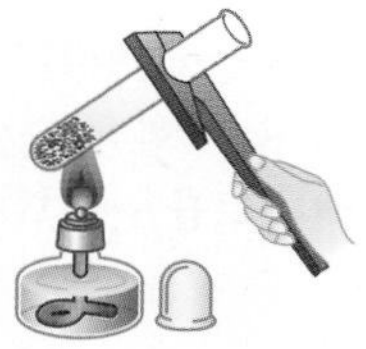

**15** 황가루와 철가루의 가열할 때 생성되는 물질의 이름을 쓰시오.

**16** 이 실험에서 일어난 변화와 같은 종류의 변화를 하는 것은?

① 수소 + 산소 → 물
② 소금 + 물 → 소금물
③ 산화 은 → 산소 + 은
④ 질산 은 + 구리 → 질산 구리 + 은
⑤ 염화 나트륨 + 질산 은 → 염화 은 + 질산 나트륨

**17** 다음 중 화학 반응의 하나인 화합을 통하여 만들어질 수 있는 물질이 아닌 것은?

① 물 ② 구리 ③ 산화 은
④ 염화 나트륨 ⑤ 이산화 탄소

**18** 다음은 과산화 수소를 촉매 분해하는 장치를 나타낸 것이다.

과산화 수소의 분해로 집기병에 모아진 기체는 무엇인가?

① 물 ② 수소 ③ 산소
④ 수증기 ⑤ 이산화 탄소

**19** 아래 반응은 물을 분해하여 수소와 산소가 발생하는 반응을 나타낸 것이다. 이 반응이 일어나게 하는 방법은?

물 ⟶ 수소 + 산소

① 가열한다. ② 압력을 가한다.
③ 촉매를 넣는다. ④ 전기를 통해 준다.
⑤ 불을 붙여 연소시킨다.

**20** 그림은 민지가 만든 설탕 과자의 모습이다. 국자에 설탕을 넣어 가열해서 녹인 후 탄산수소 나트륨을 넣고 저어 주니 설탕이 크게 부풀어 올랐다. 이때 발생하는 기체는 무엇인가?

① 물 ② 수소 ③ 산소
④ 염화 나트륨 ⑤ 이산화 탄소

## 창의력 서술

**21** 설탕을 가열하면 녹아서 액체가 되었다가 더 가열하면 까맣게 탄다.

A 과정에서는 물리 변화가, B 과정에서는 화학 변화가 일어난다. A 과정에서 물리 변화가 일어났다는 것을 확인할 수 있는 방법을 간단히 설명하시오.

**22** 밀가루에 베이킹 파우더(탄산수소 나트륨 함유)를 넣고 반죽한 후 가열하면 빵이 부풀어오르면서 커진다. 빵을 뜯어 보면 빵 사이사이가 비어 있어 부풀어 오른 것을 알 수 있다.

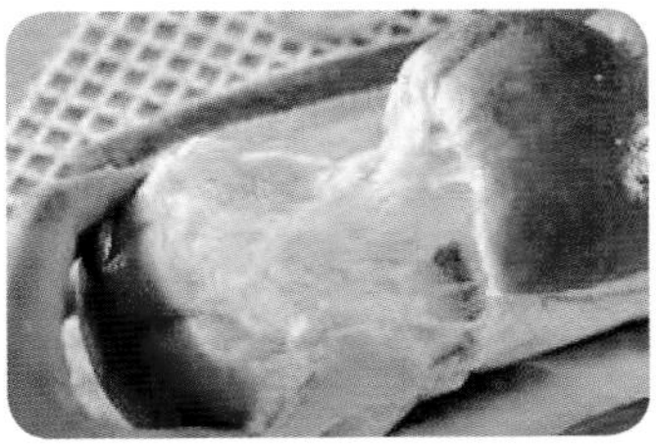

빵이 부풀어 오른 이유를 베이킹 파우더의 열분해 반응을 이용하여 설명하시오.

# 22강. 화학 변화 II

## 1. 질량 보존 법칙 1

**(1) 질량 보존 법칙(라부아지에)** : 반응이 일어날 때 반응 전후의 질량은 같다.

반응 물질의 총 질량 = 생성 물질의 총 질량

① 물질을 구성하는 원자들은 없어지거나 생성되지 않고 배열만 달라진다.
② 반응 전후 원자의 종류와 수가 같기 때문에 질량도 변하지 않는다.

**(2) 앙금 생성 반응에서 질량 보존 법칙** : 앙금이 생성되는 반응에서도 반응 전후의 물질의 총 질량은 같다.

· 아이오딘화 납 앙금이 생성되어 가라앉지만, 반응 전후 질량은 같다.

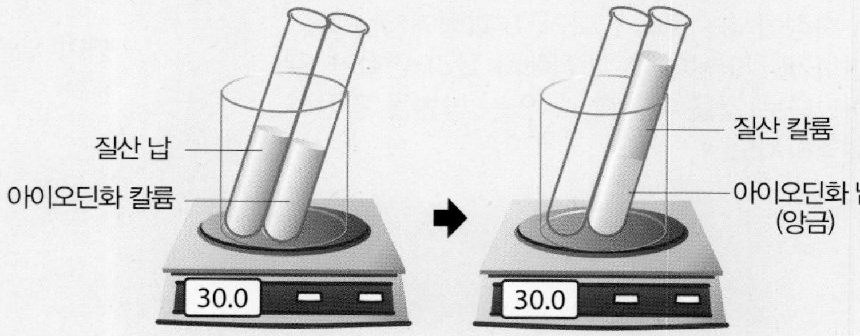


▲ (질산 납 + 아이오딘화 칼륨) 질량 = (아이오딘화 납 (앙금) + 질산 칼륨) 질량

**개념확인 1** "화학 반응에서 반응 물질의 총 질량과 생성 물질의 총 질량이 같다" 라고 하는 법칙을 무엇이라 하는가?

**확인 + 1** 다음 설명을 읽고 빈칸에 알맞은 말을 써 넣으시오.

화학 반응 전후에 물질의 질량이 같은 이유는 (          )의 종류와 수가 변하지 않기 때문이다.

간단실험
소금물 질량 측정 하기
준비물 : 소금, 물, 비커, 전자저울
① 전자 저울에 소금과 물의 질량을 측정한다.
② 소금물 용액을 만들어 질량을 측정한 후, ①과 비교해 보자.

물리 변화와 화학 변화 모두에서 질량은 보존된다.

생각해보기★
우리 몸에서도 질량 보존 법칙이 성립하므로 음식을 먹은 만큼 몸무게가 늘어날까?

미니사전
보존 성질이 변하지 않고 일정하게 유지 됨

## 2. 질량 보존 법칙 2

**(1) 기체 발생 반응에서의 질량 보존 법칙** : 밀폐된 용기에서 반응이 일어나면 반응 전후의 물질의 총 질량은 같다.

▲ (묽은 염산 + 대리석 조각) 질량 (75 g) = (염화 칼슘 + 물 + 이산화 탄소) 질량 (75 g)

**(2) 연소 반응에서의 질량 보존 법칙** : 밀폐된 용기에서 반응이 일어나면 반응 전후의 물질의 총 질량은 같다.

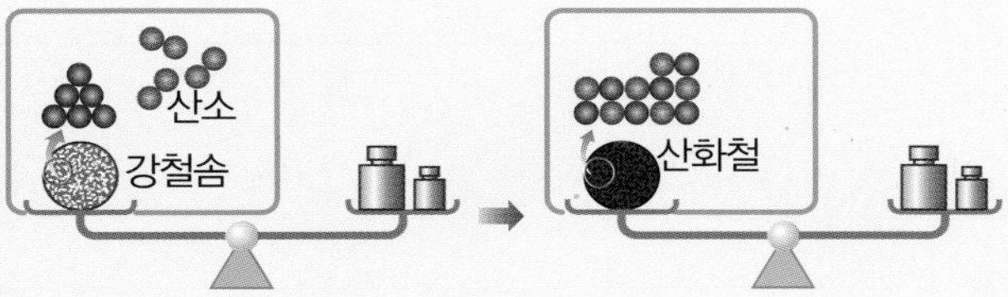


▲ (강철솜 + 산소) 질량 = (산화 철) 질량

간단실험

**열린 공간에서 기체 발생 반응**

준비물 : 전자저울, 묽은 염산, 대리석 조각

① 전자 저울로 묽은 염산과 대리석 조각의 질량을 측정한다.

② 대리석 조각을 묽은 염산에 넣은 뒤, 기체 발생 반응을 관찰하고 질량을 측정하여 ①과 비교해 보자.

**열린 공간에서 연소 반응**

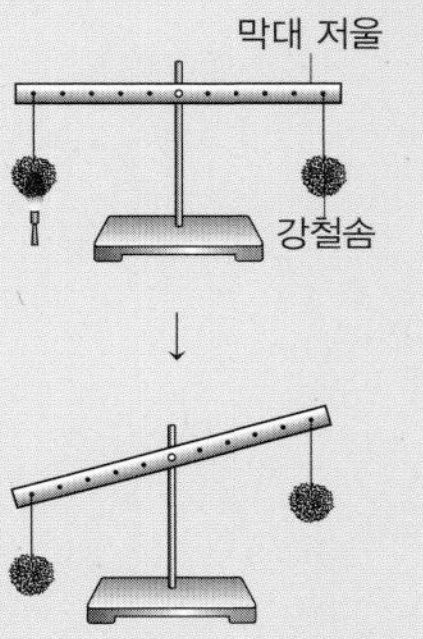


▲ 열린 공간에서 강철솜의 연소

| |
|---|
| 강철솜 + 산소<br>→ 산화 철 + 열 · 빛 |

결합한 산소의 질량만큼 질량이 증가한다.

정답 및 해설 **19쪽**

**개념확인 2** 다음 빈칸에 알맞은 숫자를 써 넣으시오.

(1) 탄소 (　　　　) g 과 산소 32 g 이 모두 반응하면 이산화 탄소 44 g 이 생성된다.

(2) 마그네슘 48 g 과 산소 (　　　　) g 이 모두 반응하면 산화 마그네슘 80 g이 생성된다.

생각해보기★★

나무(탄소)를 연소하게 되면 물과 이산화 탄소와 재가 생성된다. 열린 공간에서 나무를 연소시키면 질량이 변할까?

**확인 + 2** 다음 설명을 읽고 빈칸에 알맞은 단어를 〈보기〉에서 골라 쓰시오.

〈 보기 〉

열린 , 닫힌 , 증가 , 일정 , 감소

(1) 기체 발생 반응에서 질량 보존 법칙이 성립하려면 ㉠(　　　) 공간에서 반응이 일어나야 한다.

(2) 강철솜을 닫힌 공간에서 연소시키면 질량이 ㉡(　　　)하고, 열린 공간에서 연소시키면 질량이 ㉢(　　　)한다.

**미니사전**

연소 물질이 빛이나 열을 내면서 산소와 빠르게 결합하는 반응

밀폐 샐 틈이 없이 꼭 막거나 닫음

강철솜 철을 가는 실처럼 뽑아 뭉쳐 놓은 것

◯ 간단실험

**일정 성분비 이해하기**

아래 그림과 같은 분자 모형에서 볼트(B) 20개와 너트(N) 30개로 화합물($BN_2$)를 최대한 많이 만들어 보자.

볼트(B) :

너트(N) :

화합물($BN_2$) :

## 3. 일정 성분비 법칙 1

**(1) 일정 성분비 법칙(프루스트)** : 화합물이 생성될 때, 화합물을 구성하는 성분 물질 사이에는 항상 일정한 질량비가 성립한다.

① 화학 반응에서만 성립된다.

② 모든 화합물은 일정 성분비 법칙을 만족한다.

③ 화합물은 성분 원소들이 일정한 비율로 결합하고, 같은 종류의 원자는 질량이 같기 때문이다.

**(2) 원자 모형과 일정 성분비 법칙**

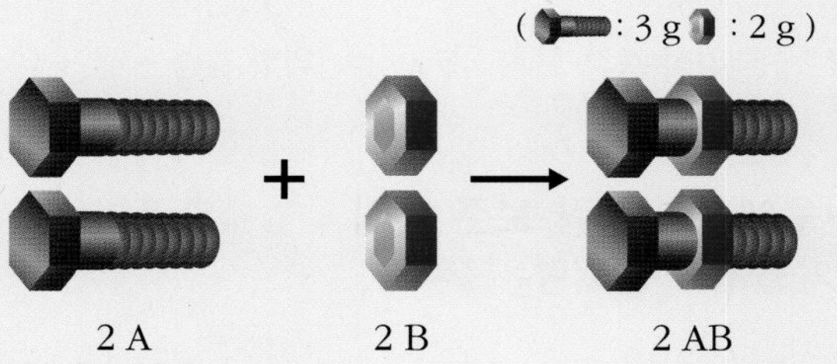


| 반응식 | A | + | B | → | AB |
|---|---|---|---|---|---|
| 질량비 | (3 g × 2) | : | (2 g × 2) | : | (3 g + 2 g) × 2 |
| | 3 | : | 2 | : | 5 |

◯ 생각해보기★★★

남자 20명, 여자 15명의 사람들이 짝을 지어 남자 2명, 여자 1명의 3인용 자전거를 최대한 많이 함께 타려면 몇 대의 자전거를 빌려야 할까?

**개념확인 3** 한 화합물을 구성하는 성분 원소 사이에는 항상 일정한 질량비가 성립한다는 법칙을 무엇이라고 하는가?

**확인 + 3** 그림과 같은 X 모형 4개와 Y 모형 2개로 만들 수 있는 $XY_2$ 모형은 최대 몇 개인가?

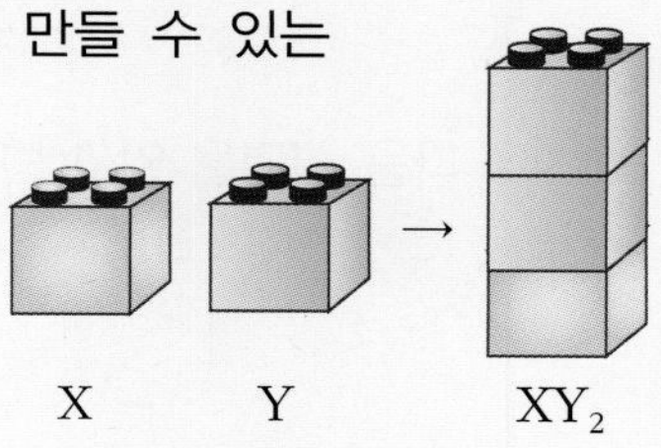


**미니사전**

성분비 물질을 구성하고 있는 여러 성분의 양의 비

## 4. 일정 성분비 법칙 2

**(1) 아이오딘화 납을 이루는 원소의 질량비** : 같은 농도의 아이오딘화 칼륨 수용액과 질산 납 수용액을 반응시키면 일정한 질량비로 아이오딘화 납(앙금)이 생성된다.

질산 납 수용액 6mL에 아이오딘화 칼륨 수용액 부피를 달리하여 반응 시키기

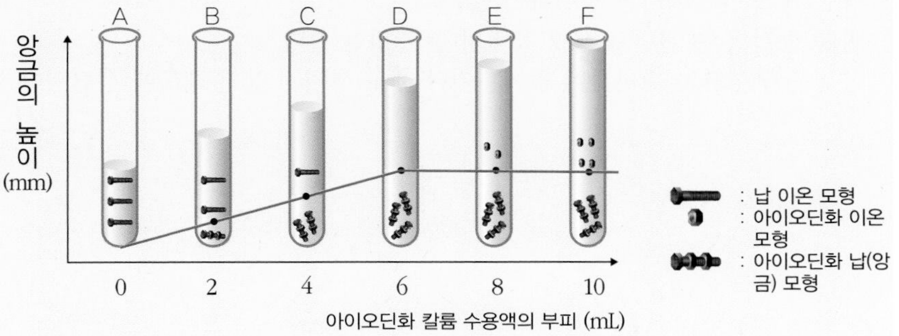


아이오딘화 칼륨 + 질산 납 → 아이오딘화 납 (노란색) + 질산 칼륨

〈 납 이온과 아이오딘화 이온의 반응〉

- A, B, C 시험관에는 아이오딘화 이온이 부족하여 납 이온이 남는다.
- D 시험관에서 아이오딘화 이온과 납 이온이 완전히 반응하였다.
  ( 아이오딘화 칼륨 수용액 : 질산 납 수용액 = 6 mL : 6 mL = 1 : 1 )
- E, F 시험관에는 아이오딘화 칼륨 수용액을 더 넣어 주어도 아이오딘화 이온과 반응할 수 있는 납 이온이 없어서 더 이상 앙금이 생기지 않는다.

● 아이오딘화 납(앙금)은 납 이온 1개와 아이오딘화 이온 2개가 결합한 것이다.

정답 및 해설 **19쪽**

**개념확인 4** 아이오딘화 칼륨 수용액 6 mL 와 완전히 반응하는데 필요한 질산 납 수용액의 부피는 얼마인가? (단, 두 수용액의 농도는 같다.)

( ) mL

**확인+4** 다음 빈칸에 알맞은 말을 〈보기〉에서 찾아 써 넣으시오.

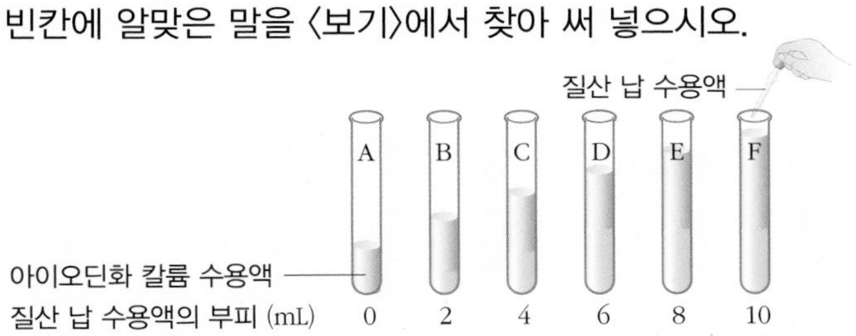


〈 보기 〉

납 이온 아이오딘화 이온 칼륨 이온 질산 이온

아이오딘화 칼륨 수용액 6 mL 에 같은 농도의 질산 납 수용액을 넣을 때, 앙금의 높이는 질산 납 6 mL 를 넣을 때까지 증가하다가 그 이후에는 증가하지 않는다. 그 이유는 납 이온을 넣어 주어도 더 이상 반응할 수 있는 ( )이 없기 때문이다.

● 생각해보기★★★★

물에 소금을 녹여 소금물을 만들어도 질량은 보존되어 질량 보존 법칙이 성립된다. 그렇다면 소금물을 구성하는 성분 간에 일정 성분비 법칙도 성립할까?

**미니사전**

수용액 어떤 물질을 물에 녹인 것

농도 용액의 진함과 묽음의 정도

# 개념 다지기

**01** 다음 중 질량 보존 법칙에 대한 설명으로 옳지 않은 것은?

① 물리 변화에서 성립한다.
② 화학 변화에서 성립한다.
③ 앙금 생성 반응에서는 성립하지 않는다.
④ 반응 물질의 총 질량과 생성 물질의 총 질량은 같다.
⑤ 물질을 구성하는 원자들이 없어지거나 새로 생기지 않기 때문에 성립된다.

**02** 탄산 나트륨 수용액과 염화 칼슘 수용액을 섞어 두 용액을 반응시키는 실험을 하였다. 다음 설명 중 옳지 않은 것은?

① 생성된 앙금은 탄산 칼슘이다.
② 두 용액을 섞으면 흰색 앙금이 생긴다.
③ 반응 전후 원자의 종류와 개수는 변함없다.
④ 앙금이 생성되었기 때문에 질량이 증가하였다.
⑤ 반응 물질의 총 질량과 생성 물질의 총 질량은 같다.

**03** 열린 공간에서 강철솜을 연소시켰다. 다음 중 이 반응에 대한 설명으로 옳은 것을 모두 고르시오.

① 물리 변화이다.
② 화학 변화이다.
③ 반응 후에 질량이 증가한다.
④ 반응 후에 질량이 일정하다.
⑤ 연소 과정에서 강철솜의 성질은 변하지 않는다.

정답 및 해설 19쪽

**04** 다음 중 일정 성분비 법칙이 성립하는 경우는?

① 접시가 깨진다.
② 얼음이 녹는다.
③ 설탕이 물에 녹는다.
④ 물이 끓어 수증기가 된다.
⑤ 구리와 산소가 결합하여 산화 구리가 생성된다.

**05** 볼트(B) 1개의 질량이 6 g 이고 너트(N) 1개의 질량이 3 g 일 때, 볼트와 너트의 화합물 BN의 질량비(B : N)는?

① 1 : 1 ② 1 : 2 ③ 1 : 3 ④ 2 : 1 ⑤ 2 : 4

**06** 같은 농도의 아이오딘화 칼륨 수용액과 질산 납 수용액이 있다. 아이오딘화 칼륨 수용액 10 mL 를 완전히 반응시키는 데 필요한 질산 납 수용액의 부피는 얼마인가?

① 4 mL ② 6 mL ③ 8 mL ④ 10 mL ⑤ 12 mL

# 유형 익히기 & 하브루타

## [유형22-1] 질량 보존 법칙 I

다음 〈보기〉에서 질량 보존 법칙이 성립하는 경우의 기호를 모두 골라 기호로 쓰시오.

〈 보기 〉

ㄱ. 수소 + 산소 → 물
ㄴ. 소금 + 물 → 소금물
ㄷ. 구리 + 산소 → 산화 구리

Tip!

**01** 다음 중 질량 보존 법칙에 대한 설명으로 옳은 것은?

① 화학 변화에서만 성립한다.
② 물리 변화에서만 성립한다.
③ 기체가 발생하는 반응은 성립하지 않는다.
④ 혼합물과 화합물을 만들 때 모두 성립한다.
⑤ 반응 물질의 총 질량이 생성 물질의 총 질량보다 크다.

**02** 철과 황은 7 : 4 의 질량비로 반응하여 화합물을 만든다. 철 7 g 과 황 4 g 이 완전히 반응하여 황화 철이 생성될 때, 생성된 황화 철의 질량은 얼마인가?

( ) g

정답 및 해설 20쪽

## [유형22-2] 질량 보존 법칙 II

아래의 그림과 같이 열린 공간에서 막대 저울의 양 끝에 질량이 같은 강철솜을 매달아 수평이 되게 한 뒤 B 쪽의 강철솜만 가열하였다. 막대 저울의 A와 B 중 어느 쪽이 아래로 기울어질까?

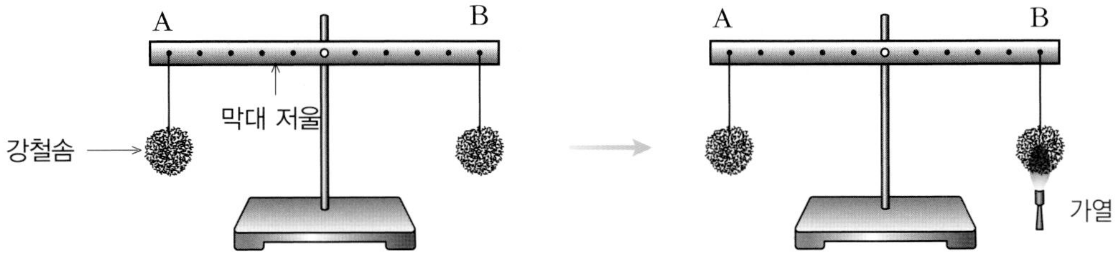


## 03

밀폐된 공간에서 강철솜을 연소시킬 때 일어나는 변화로 옳은 것은 O표, 옳지 않은 것은 X표 하시오.

(1) 강철솜은 연소 반응의 결과로 산화 철이 된다. ( )

(2) 강철솜이 공기 중의 산소와 반응하여 밀폐된 용기 전체의 질량이 증가한다. ( )

(3) 강철솜이 용기 안의 산소와 반응을 하기 때문에 용기의 전체 질량이 변하지 않는다. ( )

## 04

다음 중 열린 공간과 밀폐된 공간 모두에서 질량이 일정하게 유지되는 반응으로 옳은 것은?

① 나무를 연소시킨다.
② 양초를 연소시킨다.
③ 강철솜을 연소시킨다.
④ 소금을 물에 녹여 소금물을 만든다.
⑤ 묽은 염산에 대리석 조각을 넣는다.

**Tip!**

# 유형 익히기 & 하브루타

## [유형22-3] 일정 성분비 법칙 I

다음 그림은 볼트(B)와 너트(N) 모형으로 $BN_2$가 만들어지는 화학 반응을 나타낸 모형이다. 볼트(B)와 너트(N) 각각 20개를 가지고 만들 수 있는 화합물 $BN_2$의 개수는?

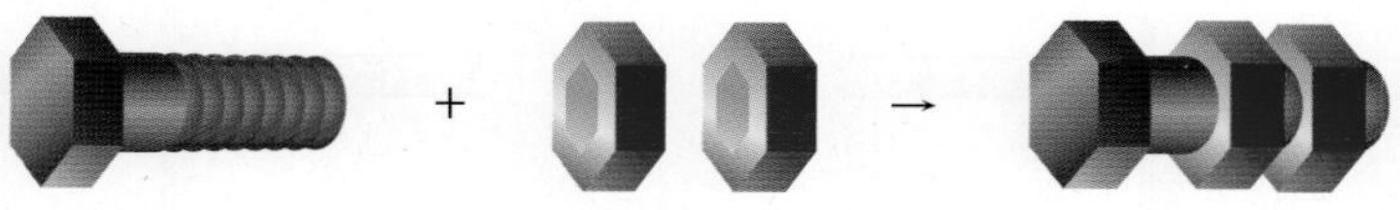


B + 2N → $BN_2$

( ) 개

Tip!

**[05~06]** 1개의 질량이 2g인 빨간색 블록(R) 2개와 1개의 질량이 4g인 파란색 블록(B) 1개를 이용하여 화합물 모형 $R_2B$을 만들었다.

2R + B → $R_2B$

**05** $R_2B$ 화합물의 전체 질량은?

( ) g

**06** $R_2B$ 화합물을 구성하는 R : B 의 질량비는?

① 1 : 1 ② 1 : 2 ③ 1 : 3
④ 2 : 1 ⑤ 2 : 4

정답 및 해설 20쪽

## [유형22-4] 일정 성분비 법칙 II

6개의 시험관에 아이오딘화 칼륨 수용액을 6 mL 씩 넣고 각각의 시험관에 질산 납 수용액을 0, 2, 4, 6, 8, 10 mL 씩 넣었다. 위 실험에 대한 설명으로 옳은 것을 〈보기〉에서 모두 고르시오. (단, 두 수용액의 농도는 모두 같다.)

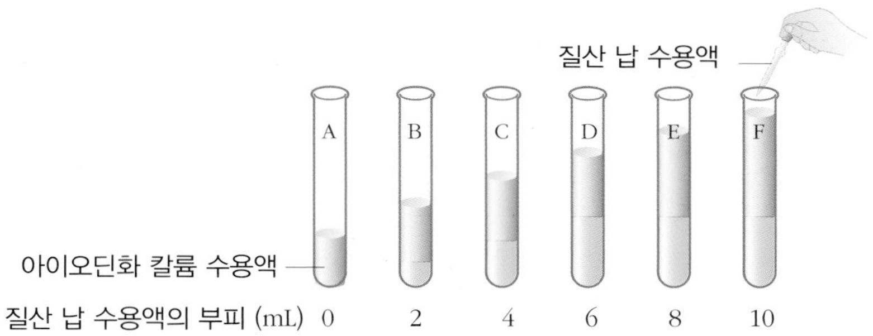


〈 보기 〉

ㄱ. 생성된 앙금은 노란색의 아이오딘화 납이다.
ㄴ. 시험관 E에 질산 납 수용액을 더 넣어주면 앙금이 더 생긴다.
ㄷ. 같은 농도의 질산 납 수용액과 아이오딘화 칼륨 수용액은 1 : 1 의 부피비로 반응한다.

**07** 위 실험 결과로 생성되는 앙금의 높이를 그래프로 바르게 나타낸 것은?

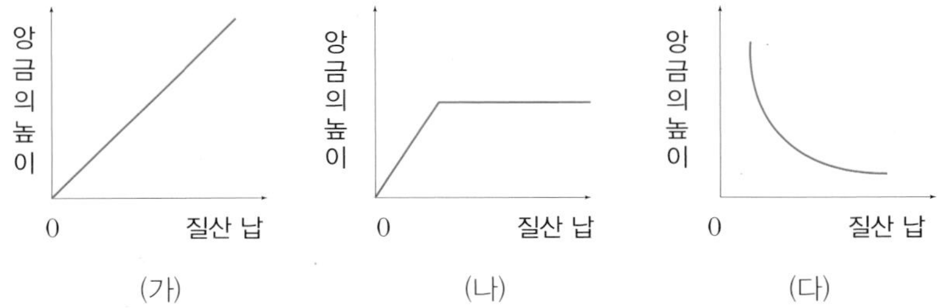


**08** 같은 농도의 질산 납 수용액과 아이오딘화 칼륨 수용액의 앙금 생성 반응에서 아이오딘화 칼륨 수용액 20 mL 를 완전히 반응시키는 데 필요한 질산 납 수용액의 부피는?

( ) mL

Tip!

## 창의력 & 토론마당

**01** 다음 준비물을 이용하여 연소 반응에서도 질량 보존 법칙이 성립한다는 것을 증명하는 실험을 하려고 한다. 어떤 방법으로 실험을 해야 할까?

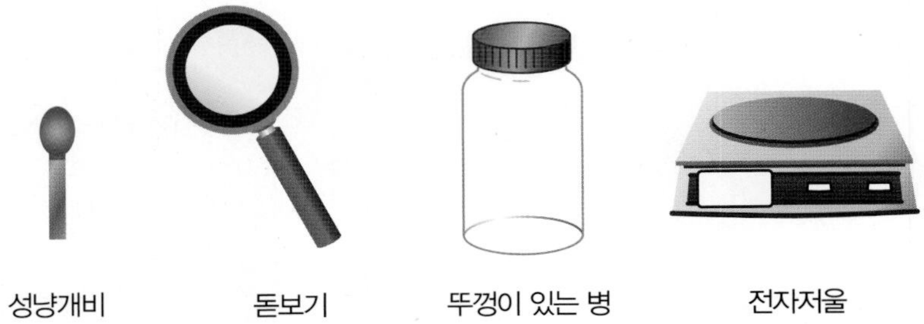


**02** 물질이 산소와 급격하게 화합하여 많은 빛과 열을 내는 현상을 연소라고 한다. 산소와 탈 물질이 있으면 발화점(불이 붙어 물질이 타기 시작하는 온도)이상에서 물질은 연소한다. 양초는 탄소와 수소로 이루어진 물질로, 연소할 때 공기 중의 산소와 반응하여 이산화 탄소와 수증기를 발생시킨다.

아래와 같이 불을 붙인 양초에 유리컵을 씌웠더니 처음에는 잘 연소되다가 잠시 후 불이 꺼졌다. 양초의 불이 꺼진 이유는 무엇일까?

정답 및 해설 21쪽

**03** 아래의 그림과 같이 유리컵의 안쪽을 물로 적신 후 철가루를 뿌리고 물이 담긴 그릇에 거꾸로 세워 오랫동안 놓아두었다.

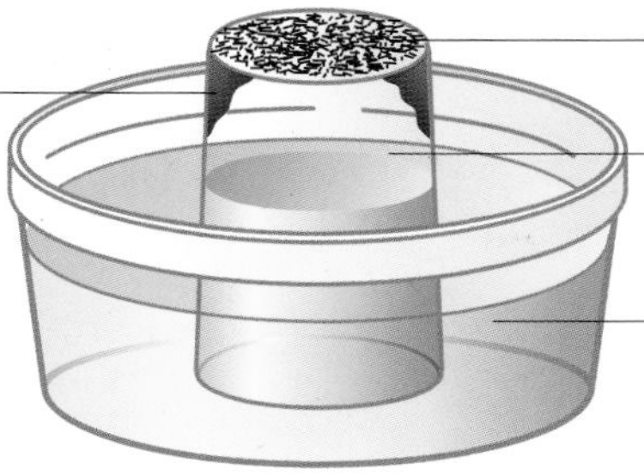


시간이 흐른 뒤, 철가루와 유리컵 안의 산소가 반응하여 산화 철이 생성되었다. 이때 유리컵 안의 수면은 어떻게 변할까?

**04** 1930년대 약 20억 명이었던 지구의 인구는 현재 70억 명이 넘는다. 지구계의 질량을 측정할 수 있다면 1930년대에 비해 현재 지구계의 질량은 어떻게 변했을까? 각자의 생각을 자유롭게 서술해 보자.

**05** 지레는 막대기를 이용하여 물체를 쉽게 들어올리는 도구이다. 지레는 아래와 같이 긴 막대와 받침대만 있으면 만들 수 있다. 지레의 원리를 간단한 공식으로 나타내면 다음과 같다.

(받침점으로 부터 물체까지의 거리) × (물체의 무게) = (받침점으로 부터 힘점까지의 거리) × (힘의 크기)

a × 물체의 무게 = b × 힘의 크기

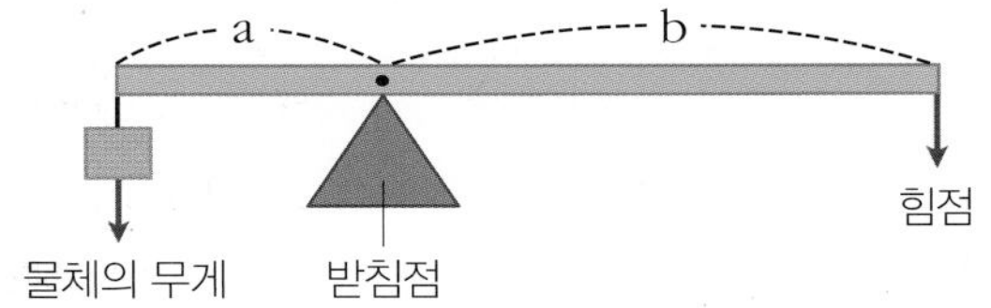


막대 저울은 지레의 원리를 이용한 도구이다. 아래의 그림은 열린 공간에서 저울 양쪽에 10 g 의 강철솜을 매달아 평행이 되게 한 후 한쪽의 강철솜만 가열하는 연소 반응을 나타낸 것이다. 오른쪽의 강철솜을 완전히 반응시켰더니 막대 저울이 오른쪽으로 기울어졌다.

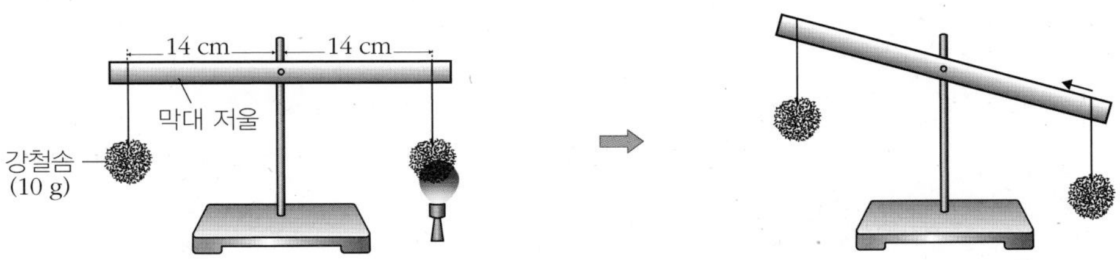


막대 저울을 다시 수평으로 만들기 위해서는 가열한 쪽의 솜을 화살표 방향으로 몇 cm 이동시켜야 할까? (단, 철 : 산소의 질량비는 5 : 2 이고 막대 저울의 무게는 무시한다.)

# 스스로 실력 높이기

**01** 질량 보존 법칙에 대한 설명으로 옳은 것은 ○표, 옳지 않은 것은 ×표 하시오.

(1) 반응 전의 총 질량과 반응 후의 총 질량이 같다. ( )

(2) 반응 전과 후 원자의 배열이 같기 때문에 질량 보존 법칙이 성립한다. ( )

(3) 기체 발생 반응과 연소 반응에서는 밀폐된 용기에서만 질량이 보존된다. ( )

**02** 물 36 g 을 전기 분해하였더니 산소가 32 g 생성되었다. 그렇다면 수소는 몇 g 이 생성되었을까?

( ) g

**03** 다음은 묽은 염산에 대리석 조각을 넣었을 때 일어나는 반응에 대한 설명이다. 빈칸에 알맞은 말을 〈보기〉에서 찾아 쓰시오.

〈 보기 〉

산소 이산화 탄소 증가 감소 일정

(1) 묽은 염산에 대리석 조각을 넣으면 ( ) 기체가 발생한다.

(2) 밀폐된 용기에서 기체 발생 반응이 일어나면 전체 질량이 ( )하다.

(3) 열린 공간에서는 생성된 기체가 공기 중으로 빠져 나가서 전체 질량이 ( )한다.

**04** 다음 중 열린 공간에서 반응이 일어날 때 질량이 증가하는 반응에는 '증', 감소하는 반응에는 '감' 이라고 표시하시오.

(1) 기체 발생 반응 ( )

(2) 강철솜의 연소 반응 ( )

(3) 나무의 연소 반응 ( )

**[05~06]** 다음은 나무가 연소할 때의 반응을 나타낸 것이다.

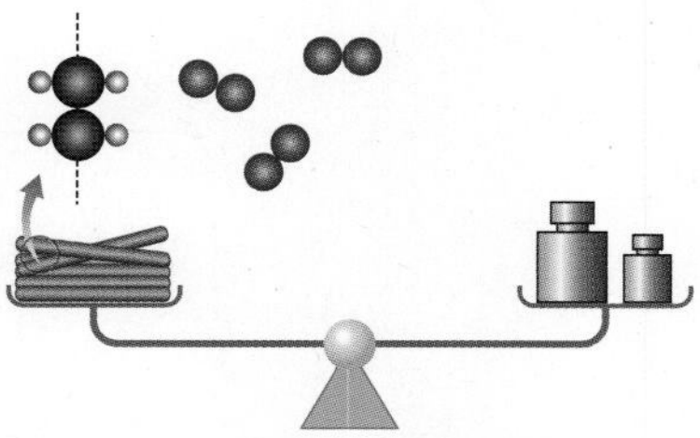

나무(탄소) + 산소 → 이산화 탄소 + 물 + 재

**05** 밀폐된 용기에서 연소 반응이 일어날 때 질량의 변화를 부등호(>, <, =)로 나타내시오.

반응 전 질량 (나무 + 산소) ( ) 반응 후 질량 (이산화 탄소 + 물 + 재)

**06** 다음 설명을 읽고 빈칸에 알맞은 답을 고르시오.

> 나무를 열린 공간에서 연소시키면 이산화 탄소 기체가 생성되어 공기 중으로 빠져나가기 때문에 질량이 ( 증가, 일정, 감소 ) 한다.

**07** 다음 설명에 해당하는 법칙은 무엇인가?

> 1799년 프루스트는 두 가지 이상의 물질이 화합하여 화합물이 생성될 때, 화합물을 구성하는 성분 원소들 사이에 일정한 질량비가 성립한다는 것을 주장하였다.

**08** 다음은 일정 성분비 법칙에 관한 설명이다. 빈칸에 알맞은 말을 〈보기〉에서 찾아 쓰시오.

〈 보기 〉

질량비　밀도비　화학 반응　물리 반응

(1) 두 가지 이상의 물질이 화합하여 한 화합물이 생성될 때, 화합물을 구성하는 성분 원소 사이에 일정한 (　　　)가 성립된다.

(2) 일정 성분비 법칙은 질량 보존 법칙과는 다르게 (　　　)에서만 성립한다.

**[09~10]** 다음 그림은 원자 모형을 이용하여 화합물을 만드는 과정을 나타낸 것이다.

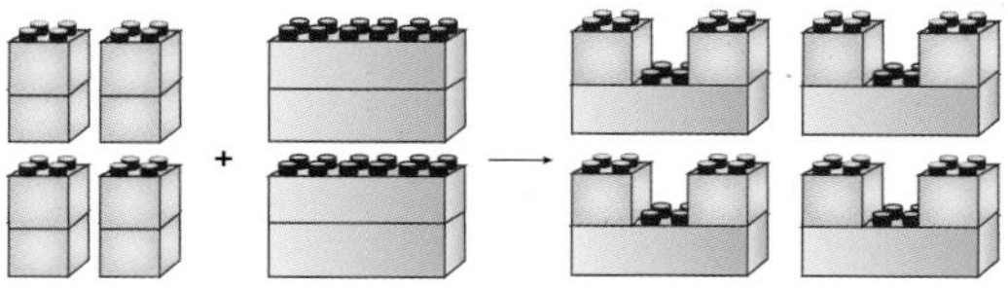

**09** 위 모형에 대한 설명으로 옳은 것은 ○표, 옳지 않은 것은 ×표 하시오.

(1) 반응 후 질량은 줄어든다. (　　)

(2) 반응 물질의 성분 원소의 질량비는 항상 일정하다. (　　)

(3) 질량 보존 법칙과 일정 성분비 법칙 모두 성립된다. (　　)

**10** 블록(A) 1개의 질량은 1 g 이고, 블록(B) 1개의 질량은 3 g 이다. 화합물 $A_2B$를 구성하는 개수비와 질량비를 구하시오.

| | A | : | B |
|---|---|---|---|
| (1) 개수비 | | : | |
| (2) 질량비 | | : | |

**11** 질량 보존 법칙이 성립되는 이유로 옳은 것은?

① 반응 후 새로운 분자가 생성되어서
② 반응 후 새로운 원자가 생성되어서
③ 물질을 구성하는 분자의 배열만 변해서
④ 물질을 구성하는 분자는 변하지 않아서
⑤ 물질을 구성하는 원자는 변하지 않아서

**12** 다음 반응식에서 ㉠~㉣의 질량 관계를 바르게 나타낸 것은?

질산 납(㉠) + 아이오딘화 칼륨(㉡) → 아이오딘화 납(㉢) + 질산 칼륨(㉣)

① ㉠ = ㉡ + ㉢ + ㉣
② ㉠ = ( ㉢ + ㉣ ) − ㉡
③ ㉠ = ㉡ − ㉢ − ㉣
④ ㉠ = ( ㉡ + ㉢ ) − ㉣
⑤ ㉠ = ㉡ × ㉢ × ㉣

**13** 아래의 그림과 같이 열린 공간에서 막대 저울의 양 끝에 질량이 같은 강철솜을 매단 후 한 쪽(B)만 가열하였다. 이 실험에 대한 설명으로 옳은 것을 모두 고르시오.(2개)

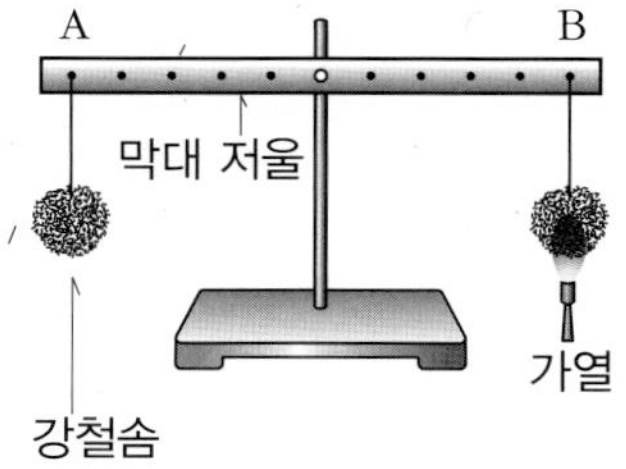


① A는 산화 철이 된다.
② B는 산화 철이 된다.
③ 저울이 수평을 이룬다.
④ 저울의 왼쪽이 내려간다.
⑤ 저울의 오른쪽이 내려간다.

**14** 아래의 그림과 같이 묽은 염산과 대리석 조각의 전체 질량을 측정하였더니 75 g 이었다. 이 묽은 염산 용기에 대리석 조각을 넣어 반응시킨 후 전체 질량을 측정하였더니 74.3 g 이었다. 이때 발생한 기체의 종류와 질량을 바르게 짝지은 것은?

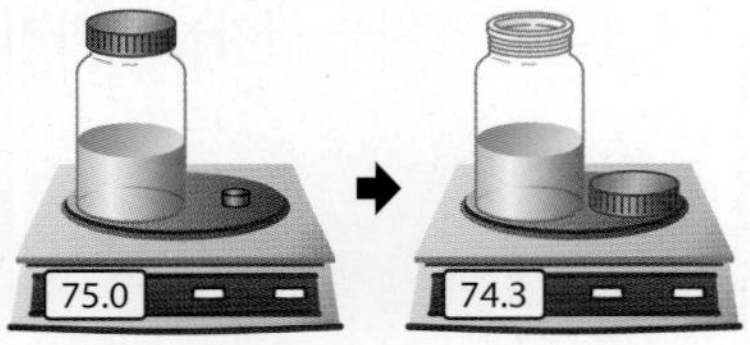


① 산소, 0.7g　② 이산화 탄소, 0.7g
③ 산소, 1.7g　④ 이산화 탄소, 1.7g
⑤ 수소, 1.7g

**15** 다음 중 일정 성분비 법칙이 성립하지 <u>않는</u> 경우는?

① 물에 용해되는 소금
② 수소와 산소의 물의 합성
③ 아이오딘화 납의 앙금 생성
④ 구리의 연소 반응으로 산화 구리(II) 생성
⑤ 마그네슘의 연소 반응으로 산화 마그네슘 생성

**16** 볼트 5개와 너트 10개를 모두 이용하여 화합물 모형 5개를 만들었다. 이 때 만들어진 화합물 모형으로 옳은 것은?

① 　② 

③ 　④ 

⑤ 

**17** 볼트(B) 1개의 질량은 4 g, 너트(N) 1개의 질량은 3 g 이다. 이 볼트와 너트 각각 10개씩을 사용해 만들 수 있는 $BN_2$ 모형의 개수와 그 모형 1개의 질량을 바르게 짝지은 것은?

B (4g)　N (3g)　$BN_2$

① 5개, 7 g　② 5개, 10 g　③ 10개, 7 g
④ 10개, 10 g　⑤ 20개, 10 g

정답 및 해설 21쪽

**[18~20]** 다음 그림과 같이 크기가 같은 시험관 A~F 에 아이오딘화 칼륨 수용액을 각각 6 mL 씩 넣고, 질산 납 수용액을 차례로 0, 2, 4, 6, 8, 10 mL 씩 넣었다. (단, 두 용액의 농도는 같다.)

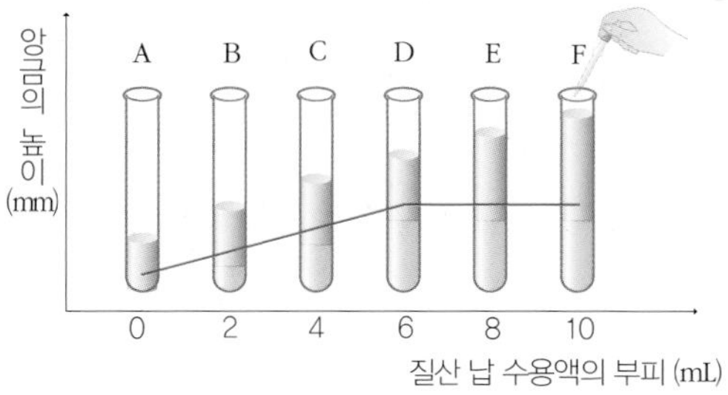


**18** 위 실험에 대한 설명으로 옳은 것은?

① 생성된 앙금은 아이오딘화 납이다.
② 시험관 A~F에서 모두 앙금이 만들어진다.
③ 질산 납 수용액을 계속 넣어주면 앙금의 높이가 계속 높아진다.
④ 시험관 B와 C에 반응하지 않고 남아 있는 물질은 질산 납 수용액이다.
⑤ 시험관 E와 F에 반응하지 않고 남아 있는 물질은 아이오딘화 칼륨 수용액이다.

**19** 위 실험에 대한 설명으로 빈칸에 알맞은 답을 고른 것은?

| |
|---|
| 시험관 F에서 아이오딘화 칼륨 수용액과 질산 납 수용액이 모두 반응하게 하려면 ㉠(          )수용액을 ㉡(          ) mL 더 넣어 주면 된다. |

| | ㉠ | ㉡ |
|---|---|---|
| ① | 질산 납 | 2 |
| ② | 질산 납 | 4 |
| ③ | 아이오딘화 칼륨 | 2 |
| ④ | 아이오딘화 칼륨 | 4 |
| ⑤ | 아이오딘화 칼륨 | 6 |

**20** 위 실험으로 알 수 있는 화학 반응의 법칙은 무엇인지 쓰시오.

## 창의력 서술

**21** 질량 보존 법칙이 성립한다는 것을 증명하는 실험 2가지를 쓰시오.

**22** 물을 전기 분해하여 생성되는 산소로 철 20g을 완전히 연소시키려고 할 때 물 몇 g 이 전기 분해되어야 하는가? (단, 철 : 산소의 질량비는 5 : 2 이고, 물을 이루는 수소 : 산소의 질량비는 1 : 8 이다.)

# 23강. 화학 반응식

## 1. 화학 반응식

(1) **화학 반응식** : 화학식과 기호를 사용하여 화학 반응을 나타낸 식이다.

① 화학식 : 원소 기호를 사용하여 물질을 나타낸 것이다.

예 수소 : $H_2$ , 산소 : $O_2$ , 물(수증기) : $H_2O$ , 질소 : $N_2$

② 화학 반응식의 표현

| 화학식 + 화학식 | → | 화학식 + 화학식 |
|---|---|---|
| 반응 물질 | | 생성 물질 |

③ 여러 가지 화학 반응식과 모형

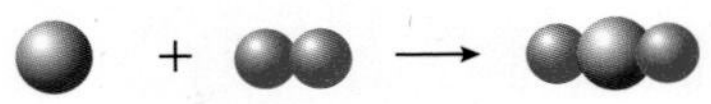

$C + O_2 \rightarrow CO_2$

탄소 + 산소 → 이산화 탄소

$Fe + S \rightarrow FeS$

철 + 황 → 황화 철

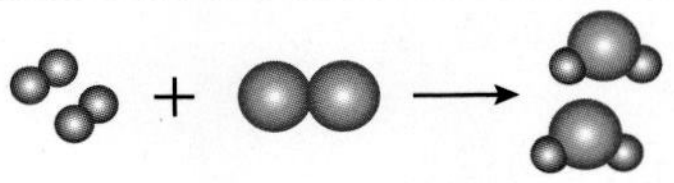

$2H_2 + O_2 \rightarrow 2H_2O$

수소 + 산소 → 수증기

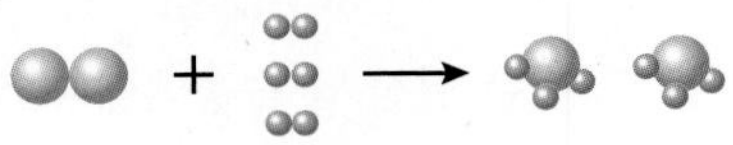

$N_2 + 3H_2 \rightarrow 2NH_3$

질소 + 수소 → 암모니아

● 반응 물질과 생성 물질

· 반응 물질 : 화학 변화가 일어나기 전의 물질

· 생성 물질 : 화학 변화가 일어나 새로 생긴 물질

예

| 반응 물질 | | 생성 물질 |
|---|---|---|
| $C + O_2$ | → | $CO_2$ |
| $Fe + S$ | → | $FeS$ |
| $2H_2 + O_2$ | → | $2H_2O$ |
| $N_2 + 3H_2$ | → | $2NH_3$ |

**개념확인 1** 화학식과 기호를 사용하여 화학 반응을 나타낸 식을 무엇이라 하는가?

**확인 +1** 다음 화학 반응식을 완성해 보시오.

(1) $C + O_2 \rightarrow$ (        )    (2) $Fe + S \rightarrow$ (        )

## 2. 화학 반응식 계수 맞추기

**1단계** 반응 물질을 왼쪽에, 생성 물질을 오른쪽에 적은 다음 그 사이를 화살표로 연결한다.

> 수소 + 산소 → 수증기
> (반응 물질: 수소, 산소 / 생성 물질: 수증기)

**2단계** 반응 물질과 생성 물질을 화학식으로 나타낸다.

> $H_2 + O_2 \rightarrow H_2O$
> 수소, 산소, 수증기의 화학식은 각각 $H_2$, $O_2$, $H_2O$ 이다.

**3단계** 화살표 양쪽의 원자의 종류와 개수를 같게 맞춘다.

> $H_2 + O_2 \rightarrow 2H_2O$ (2개, 2개) ① 화살표 양쪽 산소(O)의 개수를 맞춘다.
>
> $2H_2 + O_2 \rightarrow 2H_2O$ (4개, 4개) ② 화살표 양쪽 수소(H)의 개수를 맞춘다.

$$2H_2 + O_2 \rightarrow 2H_2O$$

● 원자의 개수 세는 법

$1H_2O_1$
화학식에서 숫자 1은 생략한다.

1x2 = 2개
$1H_2O_1$
1x1 = 1개
H : 2개, O : 1개

2x2 = 4개
$2H_2O$
2x1 = 2개
* $2H_2O = H_2O + H_2O$
H : 4개, O : 2개

정답 및 해설 23쪽

**개념확인 2** 다음 화학식이 포함하는 원자의 개수를 쓰시오.

(1) $CO_2$ · 탄소(C) : ⓐ(　　)개 · 산소(O) : ⓑ(　　)개

(2) $2H_2O$ · 수소(H) : ⓒ(　　)개 · 산소(O) : ⓓ(　　)개

(3) $2NH_3$ · 질소(N) : ⓔ(　　)개 · 수소(H) : ⓕ(　　)개

● 생각해보기★
수소 기체와 산소 기체를 어떻게 결합시킬 수 있을까?

**확인 + 2** 다음 화학 반응식의 괄호 안에 들어갈 숫자로 알맞은 것은?

$$N_2 + 3H_2 \rightarrow (\quad) NH_3$$

① 1　② 2　③ 3　④ 4　⑤ 5

**미니사전**
계수 화학 반응식에서 물질의 화학식 앞에 써 놓는 숫자

## 3. 화학 반응식으로 알 수 있는 정보 1

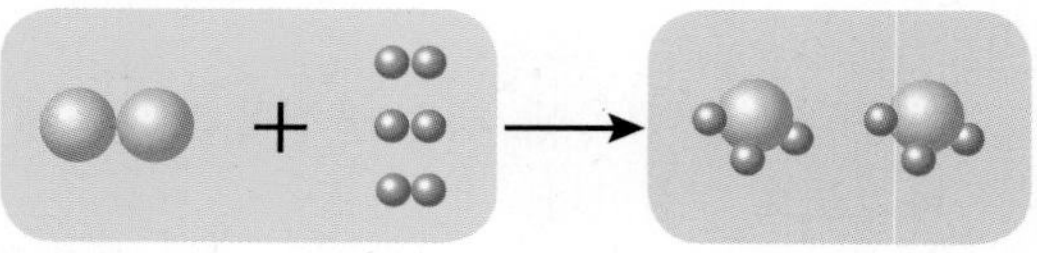

$N_2$ $3H_2$ $2NH_3$

### (1) 반응 물질과 생성 물질의 종류

| 구분 | 반응 물질 | | 생성 물질 |
|---|---|---|---|
| 물질의 종류 | 질소 | 수소 | 암모니아 |
| 분자의 종류 | 질소 분자 | 수소 분자 | 암모니아 분자 |
| 원자의 종류 | 질소 원자 | 수소 원자 | 질소 원자, 수소 원자 |

### (2) 반응 물질과 생성 물질의 수

| 구분 | 반응 물질 | | 생성 물질 |
|---|---|---|---|
| 분자 수(개) | 1 | 3 | 2 |
| 원자 수(개) | 2 | 6 | 8 |

· 반응 물질의 원자 수(2 + 6 = 8)와 생성 물질의 원자 수(8개)는 같다.

**간단실험**
원자 모형 만들기
준비물 : 원자 모형 세트

암모니아 모형을 만들고, 암모니아 모형 한 개를 만드는데 필요한 질소와 수소의 원자 개수는 몇 개인지 세어 보자.

**개념확인 3** 다음은 수증기($H_2O$)가 생성되는 경우의 반응 물질과 생성 물질의 수를 나타낸 표이다. 빈칸에 알맞은 말을 넣으시오.

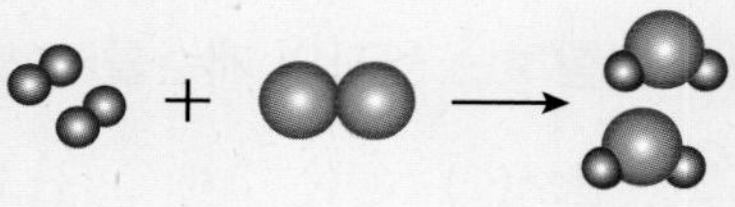

$2H_2$ + $O_2$ → $2H_2O$

| | 반응 물질 | | 생성 물질 |
|---|---|---|---|
| 분자 종류 | 수소 | ⓐ(　　) | ⓑ(　　) |
| 분자 수(개) | ⓒ(　　) | ⓓ(　　) | 2 |
| 원자 수(개) | 4 | 2 | ⓔ(　　) |

**생각해보기★★**
가정에서는 주로 메테인($CH_4$)을 연소시켜 음식을 조리한다. 메테인이 산소($O_2$)와 반응하면 어떤 물질이 생성될까?

**확인 +3** 화학 반응식으로 알 수 있는 정보가 아닌 것은?

① 물질의 종류　② 분자의 종류　③ 화학 반응 속도
④ 분자 수　⑤ 원자 수

## 4. 화학 반응식으로 알 수 있는 정보 2

$$N_2 + 3H_2 \rightarrow 2NH_3$$

### (3) 반응 물질과 생성 물질의 비율

| 구분 | 반응 물질 | | 생성 물질 |
|---|---|---|---|
| 계수비 | 1 | 3 | 2 |
| 분자수비 | 1 | 3 | 2 |
| 부피비 | 1 | 3 | 2 |

· 계수비 = 분자수비 = 부피비(부피비는 기체인 경우에만 성립)

### (4) 반응 물질과 생성 물질의 질량

| 구분 | 반응 물질 | | 생성 물질 |
|---|---|---|---|
| 질량 | $(14 \times 2) \times 1$ $= 28$ | $(1 \times 2) \times 3$ $= 6$ | $(14 + 1 \times 3) \times 2$ $= 34$ |
| 질량비 | 14 | 3 | 17 |

· 반응 물질의 질량(28 + 6 = 34)과 생성 물질의 질량(34)은 같다.
⇒ 질량 보존 법칙이 성립한다.

· 반응 물질의 질량비(14 + 3 = 17)와 생성 물질의 질량비(17)는 같다.
⇒ 일정 성분비 법칙이 성립한다.

**물질의 계수비**

$\overline{1}N_2$ + $\overline{3}H_2$ → $\overline{2}NH_3$

질소와 수소의 반응으로 암모니아가 생성되는 반응의 화학 반응식은 계수비가 1:3:2 이다.

**원소의 질량**

일반적으로 수소를 제외한 원소의 질량은 원자 번호의 약 2배이다.(단, 수소는 같다.)

| 원소 | 원자 번호 | 질량 |
|---|---|---|
| 수소(H) | 1 | 1 |
| 탄소(C) | 6 | 12 |
| 질소(N) | 7 | 14 |
| 산소(O) | 8 | 16 |

정답 및 해설 23쪽

**개념확인 4** 괄호 안에 알맞은 말을 적으시오.

> 화학 반응식에서 반응 물질과 생성 물질의 질량을 비교해 보면, (　　　　　) 법칙과 (　　　　　) 법칙이 성립하는 것을 알 수 있다.

**확인 +4** 다음은 화학 반응식으로부터 알 수 있는 정보에 대한 설명이다. 옳은 것은 ○표, 옳지 않은 것은 ×표 하시오.

(1) 질량 보존의 법칙이 성립한다. (　　)

(2) 일정 성분비 법칙이 성립하지 않는다. (　　)

(3) 화학 반응식의 계수비, 분자수비, 부피비는 항상 일정하다. (　　)

# 개념 다지기

**01** 아래는 화학 반응식에서의 반응 물질과 생성 물질을 나누어 놓은 표이다. 반응 물질과 생성 물질이 옳지 <u>않은</u> 것은?

| | 화학 반응식 | 반응 물질 | 생성 물질 |
|---|---|---|---|
| ① | $C + O_2 \rightarrow CO_2$ | $C$, $O_2$ | $CO_2$ |
| ② | $Fe + S \rightarrow FeS$ | $Fe$, $S$ | $FeS$ |
| ③ | $2H_2 + O_2 \rightarrow 2H_2O$ | $H_2$, $O_2$ | $H_2O$ |
| ④ | $N_2 + 3H_2 \rightarrow 2NH_3$ | $NH_3$ | $N_2$, $H_2$ |
| ⑤ | $CH_4 + 2O_2 \rightarrow 2H_2O + CO_2$ | $CH_4$, $O_2$ | $H_2O$, $CO_2$ |

**02** 다음은 여러 가지 화학 반응식과 모형이다. 화학 반응식과 모형이 서로 일치하지 <u>않는</u> 것은?

① $C + O_2 \rightarrow CO_2$

② $Fe + S \rightarrow FeS$

③ $2H_2 + O_2 \rightarrow 2H_2O$

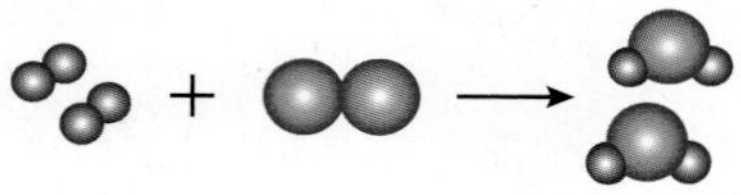

④ $N_2 + 3H_2 \rightarrow 2NH_3$

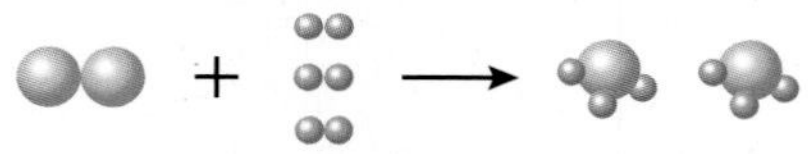

⑤ $CH_4 + 2O_2 \rightarrow 2H_2O + CO_2$

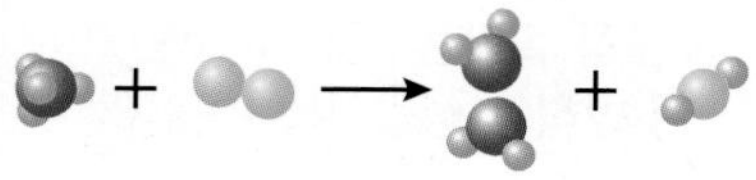

**03** 다음은 수소와 산소의 화합을 나타낸 화학 반응식이다. 괄호 안에 들어갈 숫자를 차례대로 짝지은 것은?

$$( \quad )H_2 + ( \quad )O_2 \rightarrow ( \quad )H_2O$$

① 1, 1, 1　② 1, 1, 2　③ 2, 1, 1
④ 1, 2, 1　⑤ 2, 1, 2

정답 및 해설 23쪽

## 04 다음 중 화학 반응식으로 알 수 있는 정보가 아닌 것은?

① 반응 물질의 질량과 생성 물질의 질량은 같다.
② 반응 물질의 원자 수와 생성 물질의 원자 수는 같다.
③ 반응 물질과 생성 물질의 부피비는 물질이 모두 기체인 경우에만 일정하다.
④ 물질이 기체인 경우 계수비, 분자수비, 부피비는 항상 일정하다.
⑤ 질량 보존의 법칙은 성립하지만, 일정 성분비의 법칙은 성립하지 않는다.

**[05~06]** 다음은 질소와 수소의 결합을 나타낸 화학 반응식이다.

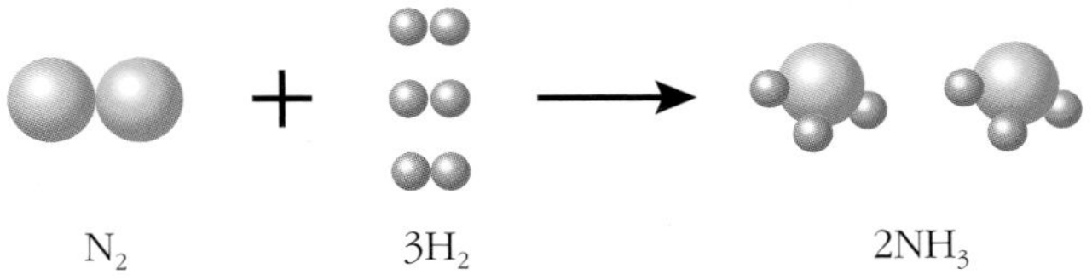


## 05 반응 물질과 생성 물질에 관한 내용 중 옳지 않은 것은?

| | | 반응 물질 | | 생성 물질 |
|---|---|---|---|---|
| ① | 물질의 종류 | 질소 | 수소 | 암모니아 |
| ② | 분자의 종류 | 질소 | 수소 | 암모니아 |
| ③ | 분자 수(개) | 1 | 3 | 2 |
| ④ | 계수비 | 1 | 3 | 2 |
| ⑤ | 원자수비 | 1 | 3 | 2 |

## 06 화학 반응식으로 알 수 있는 정보들에 대한 설명으로 옳지 않은 것은?

① 반응 물질의 질량과 생성 물질의 질량은 같다.
② 반응 물질의 원자 수와 생성 물질의 원자 수는 같다.
③ 반응 물질의 분자 수와 생성 물질의 분자 수는 같다.
④ 반응 물질의 질량비와 생성 물질의 질량비는 같다.
⑤ 화학 반응식의 계수비, 분자수비는 항상 일정하다.

# 유형 익히기 & 하브루타

## [유형23-1] 화학 반응식

다음 그림은 철과 황이 반응하여 황화 철이 생성되는 반응을 모형으로 나타낸 것이다. 화학 반응식으로 바르게 나타낸 것은?

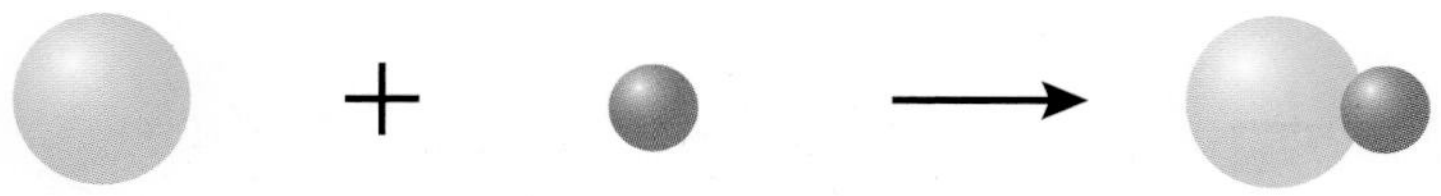

① $Fe + S \rightarrow FeS$ ② $2Fe + 2S \rightarrow Fe_2S_2$ ③ $Fe_2 + S_2 \rightarrow 2FeS$
④ $Fe4 + S2 \rightarrow 2Fe_2S$ ⑤ $2Fe_2 + S_2 \rightarrow 2Fe_2S$

Tip!

**01** 다음 화학 반응식을 완성해 보시오.

(1) $C + O_2 \rightarrow ($ $)$ (3) $2H_2 + ($ $) \rightarrow 2H_2O$

(2) $Fe + S \rightarrow ($ $)$ (4) $($ $) + 3H_2 \rightarrow 2NH_3$

**02** 다음 그림과 같은 모형으로 나타낼 수 있는 화학 반응식은?

① $Fe + S \rightarrow FeS$ ② $C + O_2 \rightarrow CO_2$
③ $CH_4 + 2O_2 \rightarrow CO_2 + 2H_2O$ ④ $N_2 + 2H_2 \rightarrow 2NH_3$
⑤ $2H_2 + O_2 \rightarrow 2H_2O$

정답 및 해설 23쪽

## [유형23-2] 화학 반응식 계수 맞추기

다음은 질소와 수소가 만나 암모니아를 생성하는 반응을 화학 반응식으로 나타내는 과정이다. 괄호 안에 알맞은 말을 차례대로 넣으시오.

| | | |
|---|---|---|
| 1단계 | 반응 물질과 생성 물질을 나타낸다. | 질소 + 수소 → 암모니아 |
| 2단계 | 각 물질을 화학식으로 쓴다. | $N_2$ + $H_2$ → (　　) |
| 3단계 | 계수를 맞춘다. | (　)$N_2$ + (　)$H_2$ → (　　) |

(　　　) + (　　　) → (　　　)

**03** 다음은 탄소와 산소가 반응하여 이산화탄소를 생성하는 반응이다. 괄호 안에 알맞은 숫자를 순서대로 적은 것은?

(　)C + (　)$O_2$ → (　)$CO_2$

① 1, 1, 1　② 1, 2, 1　③ 1, 1, 2
④ 2, 1, 1　⑤ 2, 1, 2

**04** 다음 화학 반응식의 괄호 안에 들어갈 숫자로 알맞은 것은?

$2H_2$ + $O_2$ → (　)$H_2O$

① 1　② 2　③ 3
④ 4　⑤ 5

Tip!

# 유형 익히기 & 하브루타

## [유형23-3] 화학 반응식으로 알 수 있는 정보 1

다음은 수소와 산소의 결합 과정을 나타낸 화학 반응식이다. 반응 물질과 생성 물질에 관한 내용 중 옳지 않은 것은?

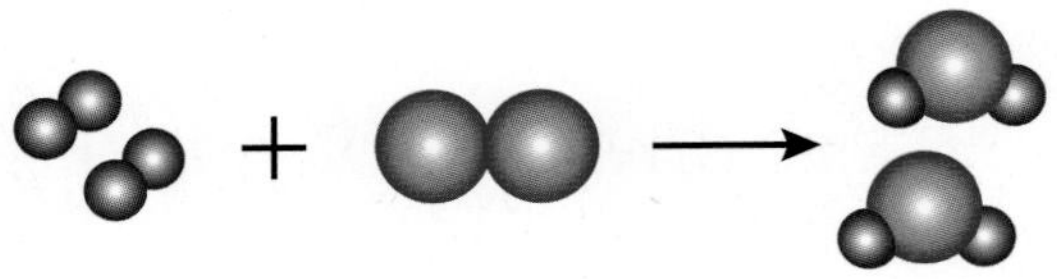


| | | 반응 물질 | | 생성 물질 |
|---|---|---|---|---|
| ① | 물질의 종류 | 수소 | 산소 | 수증기 |
| ② | 분자의 종류 | 수소 | 산소 | 물 |
| ③ | 원자의 종류 | 수소 | 산소 | 물 |
| ④ | 분자 수(개) | 2 | 1 | 2 |
| ⑤ | 원자 수(개) | 4 | 2 | 6 |

Tip!

**05** 다음은 암모니아(NH3)의 생성 과정을 그림으로 나타낸 것이다. 빈칸에 알맞은 말을 넣으시오.

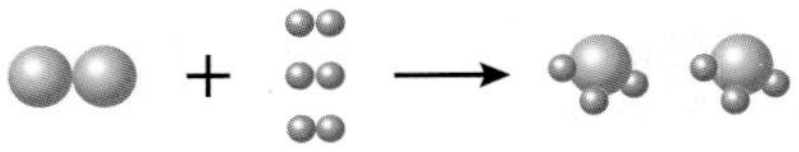

| | 반응 물질 | | 생성 물질 |
|---|---|---|---|
| 분자 수(개) | ⓐ(  ) | ⓑ(  ) | 2 |
| 원자 수(개) | 2 | 6 | ⓒ(  ) |

**06** 다음 화학 반응식을 통해 알 수 없는 것은?

① 물질의 종류 ② 분자의 종류 ③ 분자의 크기
④ 원자의 종류 ⑤ 원자 수

## [유형23-4] 화학 반응식으로 알 수 있는 정보 2

다음 그림은 철과 황이 만나 황화 철이 생성되는 것을 모형과 화학 반응식으로 나타낸 것이다. 반응 물질과 생성 물질의 화학 반응식으로부터 알아낸 정보가 옳은 것을 모두 고르시오.(2개)

Fe + S → FeS

| | | 반응 물질 | | 생성 물질 |
|---|---|---|---|---|
| ① | 물질의 종류 | 철 | 황 | 황화 철 |
| ② | 부피 비 | 1 | 1 | 1 |
| ③ | 원자 수(개) | 1 | 1 | 2 |
| ④ | 계수비 | 1 | 1 | 2 |
| ⑤ | 원자수비 | 1 | 1 | 2 |

## 07

화학 반응식으로부터 알 수 있는 정보로 가장 옳지 않은 것은?

① 반응 물질과 생성 물질의 수
② 반응 물질과 생성 물질의 종류
③ 반응 물질과 생성 물질의 비율
④ 반응 물질과 생성 물질의 질량
⑤ 반응 물질과 생성 물질의 부피

**Tip!**

## 08

다음 화학 반응식에 대한 설명으로 옳은 것은?

$$C + O_2 \rightarrow CO_2$$

① 생성 물질의 원자 수는 1개이다.
② C, $O_2$, $CO_2$의 계수비는 1 : 1 : 1 이다.
③ C, $O_2$, $CO_2$의 분자수비는 1 : 2 : 2 이다.
④ 반응 물질과 생성 물질의 질량은 알 수 없다.
⑤ 탄소 기체와 산소 기체가 만나 이산화 탄소 액체를 생성한다.

# 창의력 & 토론마당

**01** 화학 반응식에서 수소(H)와 산소(O)는 원소 기호로 나타내지 않고 분자식인 $H_2$와 $O_2$로 나타낸다. 하지만 마그네슘(Mg), 구리(Cu)와 같은 금속 물질은 화학 반응식에서 원소 기호로 나타낸다. 그 이유는 무엇인지 그림을 보고 추리해 보자.

수소 모형　　산소 모형　　마그네슘 모형　　구리 모형

**02** 다음은 물과 과산화 수소의 성질과 구조를 나타낸 것이다.

물($H_2O$)

· 투명한 색
· 점성이 없다.
· 끓는점 100℃
· 녹는점 0℃

과산화 수소($H_2O_2$)

· 옅은 푸른색
· 물보다 점성이 크다.
· 끓는점 150.2℃
· 녹는점 −0.43℃

두 물질 모두 수소와 산소로 구성되어 있지만 전혀 다른 성질을 갖는 이유를 추리해 보자.

정답 및 해설 24쪽

**03** 암모니아의 분자식은 $NH_3$로 원소 기호만을 이용하면 화학 반응식을 $3H + N \rightarrow NH_3$ 와 같이 간단하게 표현할 수 있다. 하지만 실제로는 $3H_2 + N_2 \rightarrow 2NH_3$ 와 같은 화학 반응식을 사용하는데, 화학 반응식을 간단히 쓰지 않고, 복잡하게 쓰는 이유는 무엇일까?

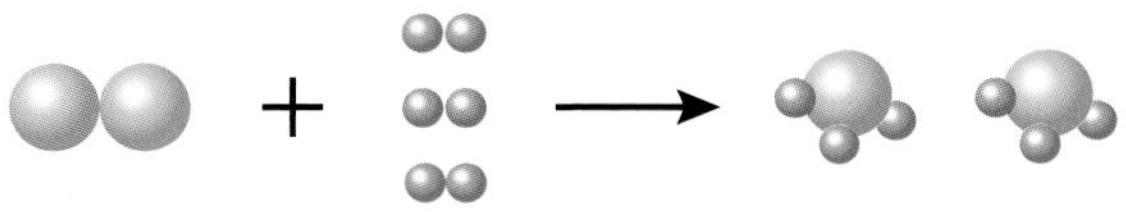

**04** 탄산음료는 이산화 탄소를 함유하는 청량 음료의 총칭으로 사이다, 콜라, 소다수 등이 포함된다. 이산화 탄소는 물에 녹아 톡 쏘는 맛을 내 자극적이고 맛있게 느끼도록 하는데, 이산화 탄소를 녹인 음료수를 '이산화 탄소 음료' 라고 하지 않고 '탄산음료' 라고 부르는 이유는 무엇일지 서술해 보자.

정답 및 해설 24쪽

**05** 지금으로부터 약 200년 전 돌턴은 "모든 물질은 원자로 이루어져 있다"는 원자설을 발표하였다. 또한, 수소 기체는 수소 원자가, 산소 기체는 산소 원자가 모여 있는 것이며, 물은 수소 원자와 산소 원자가 하나씩 결합한 복합 원자로 되어 있다고 생각했다. 다음 그림은 돌턴의 생각과 현재 사용되는 화학 반응식의 모형이다. 현재의 화학 반응식과 비교하여 돌턴의 생각은 어떤 오류가 있었는지 1가지 이상 설명해 보자.

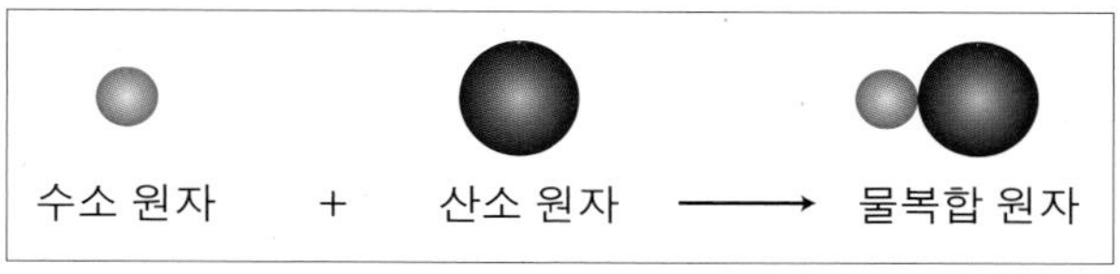


[ 돌턴의 생각 ]

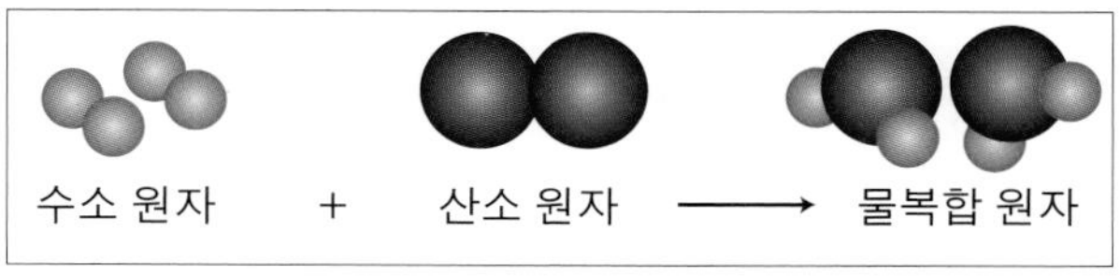


[ 현재의 모형 ]

# 스스로 실력 높이기

**01** 다음 괄호 안에 알맞은 말을 순서대로 적으시오.

> 화학 반응식에서 화학 변화가 일어나기 전의 물질을 (　　) 물질, 화학 변화가 일어나 새로 생긴 물질을 (　　) 물질이라고 한다.

**02** 다음은 화학 반응식의 모형을 나타낸 것이다. 이 모형의 화학 반응식을 적어 보시오.

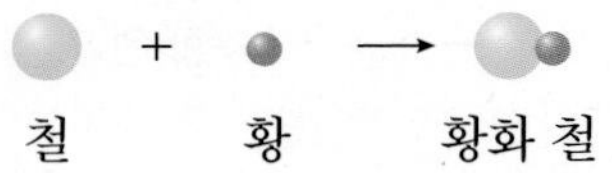


**03** 다음 화학식에서 수소 원자 개수는 몇 개인가?

$$2NH_3$$

① 2개　② 3개　③ 4개
④ 5개　⑤ 6개

**04** 다음 중 물질과 그 물질의 화학식이 바르게 연결된 것을 모두 고르시오.(2개)

① 수소 : 2H　② 산소 : $O_2$
③ 물 : $H_2O_2$　④ 황화 철 : FeS
⑤ 이산화 탄소 : $C_2O$

**05** 다음 중 화학 반응식을 통해서 알 수 있는 것은 ○표, 알 수 없는 것은 ×표 하시오.

(1) 반응 물질과 생성 물질의 종류　(　　)
(2) 반응 물질과 생성 물질의 분자수비　(　　)
(3) 반응 물질과 생성 물질의 분자 크기　(　　)
(3) 반응 물질과 생성 물질의 분자 모양　(　　)

**06** 다음 화학 반응식은 질소와 수소가 반응하여 암모니아가 생성되는 반응을 나타낸 것이다. 괄호 안에 알맞은 숫자를 쓰시오.

$$㉠(\quad)N_2 + 3H_2 \rightarrow ㉡(\quad)NH_3$$

**07** 다음 화학 반응식의 계수비는?

$$2H_2 + O_2 \rightarrow 2H_2O$$

수소 : 산소 : 수증기 = (　　) : (　　) : (　　)

**08** 다음 화학 반응식을 완성해 보시오.

(1) $C + O_2 \rightarrow$ (　)

(2) $2H_2 +$ (　) $\rightarrow 2H_2O$

(3) $N_2 + 3H_2 \rightarrow$ (　)

**09** 화학식의 원자 또는 분자의 개수를 세는 방법에 대한 설명으로 옳지 않은 것은?

① $2H_2$는 수소 원자 2개를 말한다.
② 화학식에서 숫자 1은 생략한다.
③ $2H_2O$는 두 개의 $H_2O$ 분자를 말한다.
④ $2H_2O$는 수소 원자의 개수가 4개이다.
⑤ 원자의 개수를 알아야 화학 반응식의 계수를 맞출 수 있다.

**10** 다음 화학식을 보고 수소 원자의 개수를 적으시오.

(1) $2NH_3$ : (　)개

(2) $2H_2O$ : (　)개

(3) $3H_2$ : (　)개

**11** 다음은 수소와 산소가 반응하여 수증기가 생성되는 반응이다.

$$(\ )H_2 + (\ )O_2 \rightarrow (\ )H_2O$$

괄호 안의 숫자를 모두 더한 값은?

① 3　② 4　③ 5
④ 6　⑤ 7

**12** 다음 화학 반응식으로 알 수 있는 정보를 모두 고르시오.(3개)

$$Fe + S \rightarrow FeS$$

① FeS는 액체 화합물이다.
② Fe, S, FeS의 계수 비는 1 : 1 : 1 이다.
③ 반응 물질과 생성 물질의 원자 수는 같다.
④ 반응 물질과 생성 물질의 부피비는 1 : 1 이다.
⑤ 2개의 Fe과 2개의 S가 반응하면 2개의 FeS가 생성된다.

**13** 다음 그림은 수소와 산소가 반응하여 수증기가 생성되는 반응을 모형으로 나타낸 것이다.

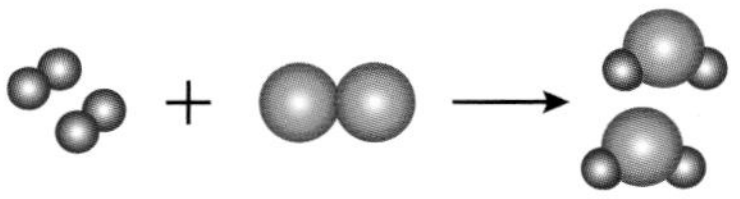

위 반응 모형을 화학 반응식으로 바르게 나타낸 것은?

① $H + O \rightarrow HO$
② $2H_2 + 2O \rightarrow H_4O_2$
③ $H_2 + O_2 \rightarrow 2HO$
④ $H_4 + O2 \rightarrow 2H_2O$
⑤ $2H_2 + O_2 \rightarrow 2H_2O$

**14** 다음 화학 반응식 중 옳지 <u>않은</u> 것은?

① $Fe + S \rightarrow FeS$
② $2Cl + 2H \rightarrow 2HCl$
③ $N_2 + 3H_2 \rightarrow 2NH_3$
④ $2H_2 + O_2 \rightarrow 2H_2O$
⑤ $CH_4 + 2O_2 \rightarrow CO_2 + 2H_2O$

**[15~16]** 다음 화학 반응식을 보고 각 물음에 답하시오.

$$N_2 + O_2 \rightarrow 2NO$$

**15** 위의 화학 반응식을 통해 알 수 <u>없는</u> 것은?

① 반응 물질의 종류 ② 생성 물질의 종류
③ 반응 물질의 원자 수 ④ 생성 물질의 분자 수
⑤ 생성 물질의 분자 크기

**16** 위의 화학 반응식에 대한 설명으로 옳지 <u>않은</u> 것은?

① 질소와 산소는 1 : 1의 부피비로 반응한다.
② 질소 원자 두 개와 산소 원자 한 개가 반응한다.
③ 반응이 일어나도 산소 원자의 크기는 변하지 않는다.
④ 질소와 산소가 반응하여 일산화 질소가 생성된다.
⑤ 질소 분자 1개와 반응하는 산소 분자는 1개이다.

**17** 어떤 두 물질의 질량은 각각 14 g, 6 g 이다. 14 g 과 6 g 의 어떤 물질을 반응시켰더니 20 g 의 물질이 생성되었다. 반응 물질과 생성 물질의 질량비는?

① 1 : 1 ② 1 : 2 ③ 1 : 3
④ 2 : 1 ⑤ 3 : 1

**18** 다음 반응식은 수소와 산소가 반응하여 물을 만드는 화학 반응식이다.

$$2H_2 + O_2 \rightarrow 2H_2O$$

수소와 산소가 다음과 같이 섞여 있을 때 반응이 완결된 후의 모습으로 옳은 것은?

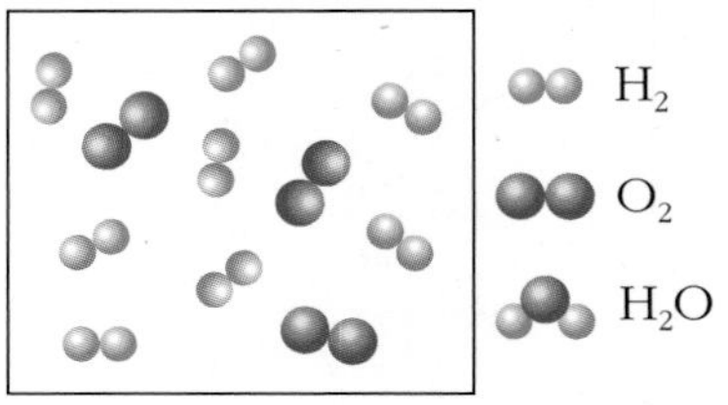


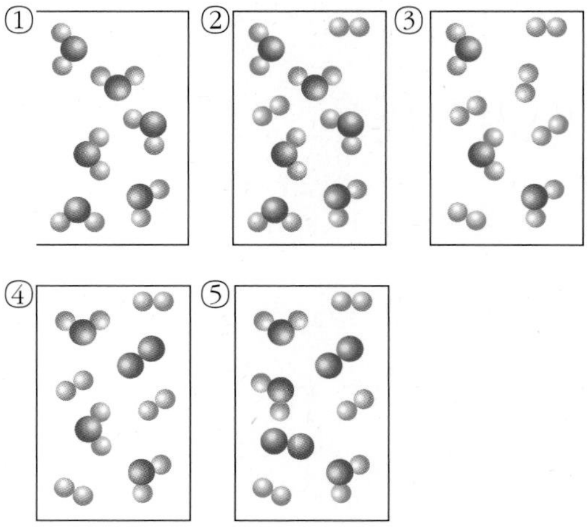

정답 및 해설 25쪽

**19** 다음 그림은 탄소와 산소가 만나 이산화 탄소를 생성하는 과정을 나타낸 화학 반응식이다.

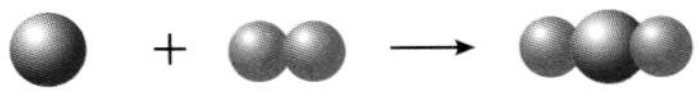

C　　$O_2$　　$CO_2$

위의 화학 반응식으로부터 알아낸 정보로 옳지 않은 것은?

| | 반응 물질 | | 생성 물질 |
|---|---|---|---|
| ① 물질의 종류 | 탄소 | 산소 | 이산화 탄소 |
| ② 분자 수 | 1 | 1 | 1 |
| ③ 원자 수 | 1 | 2 | 3 |
| ④ 계수비 | 1 | 2 | 3 |
| ⑤ 분자수비 | 1 | 1 | 1 |

**20** 다음은 과산화 수소가 물과 산소로 나누어지는 반응을 화학 반응식으로 나타내는 과정이다. 다음 설명 중 옳지 않은 것은?

1단계 : 반응 물질과 생성 물질을 나타낸다.
과산화 수소 → 물 + 산소

2단계 : 각 물질을 화학식으로 쓴다.
$H_2O_2$ → ㉠(　　　　)

3단계 : 계수를 맞춘다.
$2H_2O_2$ → ㉡(　　　　)

완성된 식 : ㉢(　　　　)

① ㉠은 $H_2O + O_2$ 이다.
② ㉡에서 물의 계수는 1이다.
③ ㉡에서 산소의 계수는 생략 가능하다.
④ ㉢은 $2H_2O_2 \rightarrow 2H_2O + O_2$ 이다.
⑤ 계수를 맞출 땐 양쪽 원자의 수를 같게 맞춰 주면 된다.

## 창의력 서술

**21** 밀폐된 공간에서 난로를 이용할 때 일산화 탄소(CO)가 생성되는데 그 이유는 무엇인지 서술해 보자.

**22** 이산화 탄소와 물이 만나 일어나는 화학 반응에 대해 간단히 설명하시오.

# 단 맛의 유혹 : 설탕

사람은 엄마 뱃속에 있을 때부터 단맛을 알게 된다고 한다. 단맛을 내는 대부분의 음식들이 소화되어 몸에 필요한 에너지를 만들기 때문에 우리는 본능적으로 단맛을 원하게 된다. 그래서 요리를 할 때 단맛이 나도록 과일, 메이플 시럽, 꿀 등을 사용하기도 한다.

▲ 과일

▲ 사탕 단풍나무의 수액인 메이플 시럽

▲ 벌이 만들어 내는 꿀

단맛을 내기 위해 사용하는 가장 간편하고 쉬운 방법은 설탕을 넣는 것이다. 설탕은 사탕수수를 가공하여 만드는데, 지금으로부터 약 2,000년 전 인도에서 제조되기 시작했다.

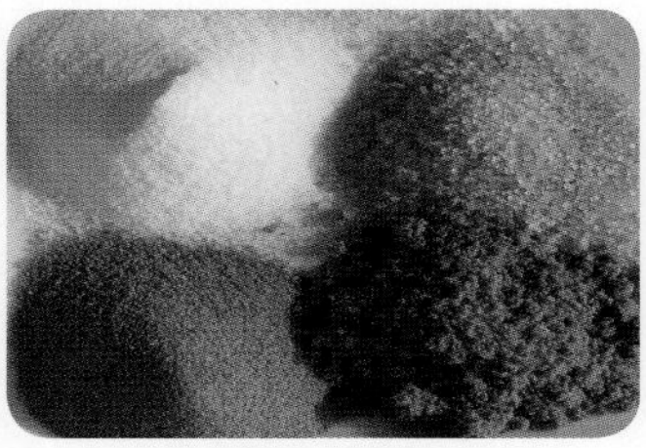

▲ 여러 가지 설탕

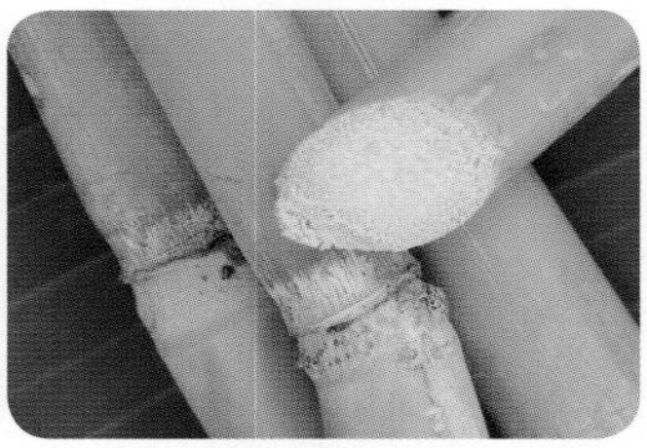

▲ 사탕수수

설탕이 제조 되기 전인 기원 전 8,000년경에 호주의 바로 위에 있는 뉴기니 섬에서 사탕수수를 재배하기 시작했다. 그후 인도에서 사탕수수로부터 설탕 가루를 만들어내기 시작했는데, 알렉산더 대왕의 군대가 인더스 강 근처를 지날 때 벌의 도움 없이 갈대의 줄기에서 꿀을 만들 수 있다는 사실에 모두들 놀랐다고 한다. 그래서 사탕수수를 가리켜 '꿀벌 없이 꿀을 만드는 갈대'라고 부르기도 했다.

우리나라에 설탕이 전해진 것은 고려 시대 이전으로 알려져 있다. 고려 시대때 이 인로의 '파안집'에 설탕에 관한 최초 기록이 있는데 아마도 그 전에 중국에서 전해져 왔을 것이라고 추측하고 있다. 처음에는 주로 상류층의 약용 및 기호품으로 쓰이다가 1950년대 중반 설탕 공장이 세워지면서 대중 식품으로 보급화 되었다.

사탕수수로 설탕 만드는 과정

사탕수수를 작게 잘라 압축해서 즙을 짜낸다.

사탕수수즙에서 가라앉은 불순물을 제거한 후 끓여서 걸죽한 상태를 만든다.

졸인 사탕수수액을 식히면 설탕의 재료인 원당이 만들어진다.

원당을 뜨거운 물에 녹인 후, 숯(활성탄을)을 넣어 독소와 불순물을 제거한다.

사탕수수로 만든 원당은 갈색 빛을 띠지만 정제 과정 중 숯을 넣어 불순물을 제거하면서 색도 함께제거되기 때문에 설탕은 흰색이 된다. 흑설탕과 갈색 설탕은 흰 설탕에 카라멜 색소를 넣어서 만든다.

**Q1** 사탕수수즙에는 우리 몸에 필요한 영양소가 많은데, 사탕수수를 정제한 설탕에는 영양소가 거의 없다고 한다. 이유가 무엇일지 쓰시오.

음료수에 들어 있는 설탕의 양 비교

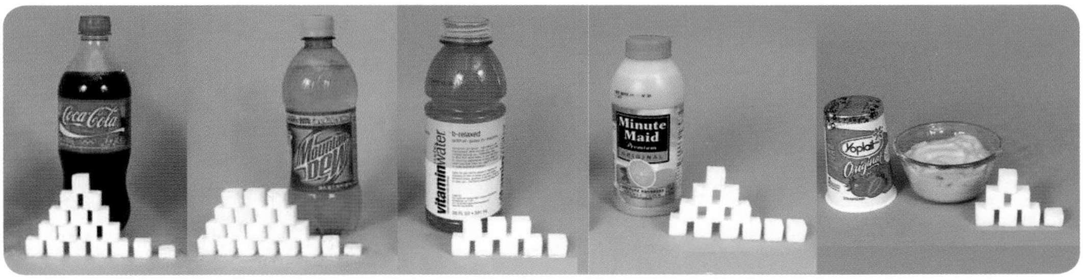

▲ 탄산 음료 ▲ 저탄산 음료 ▲ 비타민 음료 ▲ 오렌지 주스 ▲ 떠먹는 요구르트

# Project - 탐구

## [탐구-1] 철과 황의 혼합물과 화합물

준비물 | 철가루, 황가루, 염산, 스포이트, 시험관, 시험관 집게, 시험관대, 자석, 알코올램프 가열장치

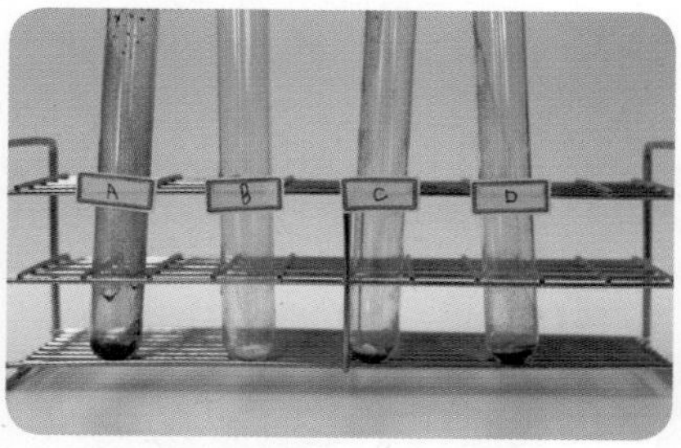

① 시험관 4개를 준비하여 다음 표와 같이 넣어 준다.

| A | B | C | D |
|---|---|---|---|
| 철가루 | 황가루 | 철가루 7 g<br>+황가루 4 g | 철가루7 g<br>+황가루 4 g |

② 시험관 D만 가열한다.

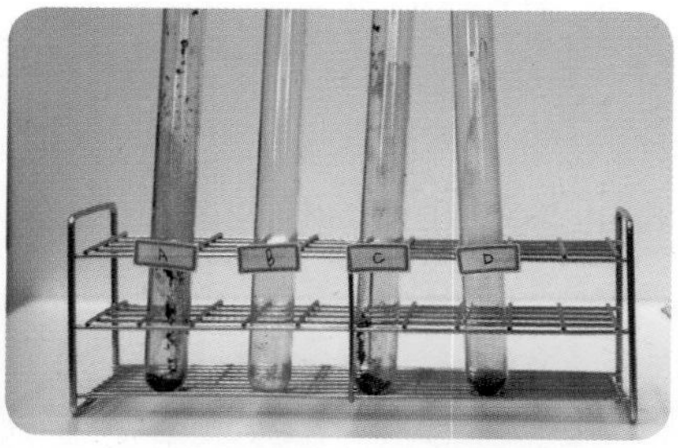

③ 각 시험관에 들어 있는 물질의 색을 관찰한다.

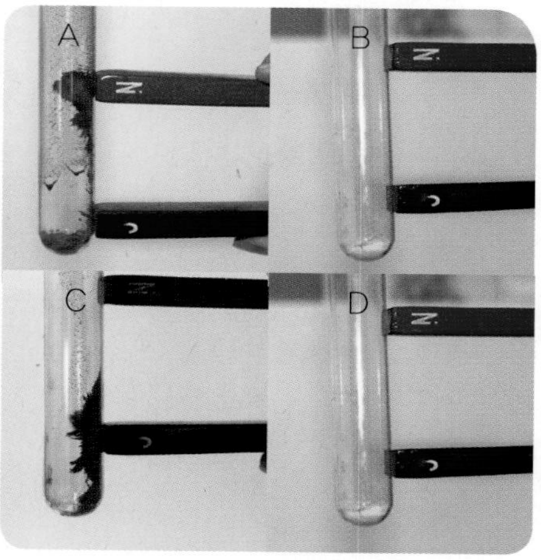


④ 각 시험관에 자석을 대본다.

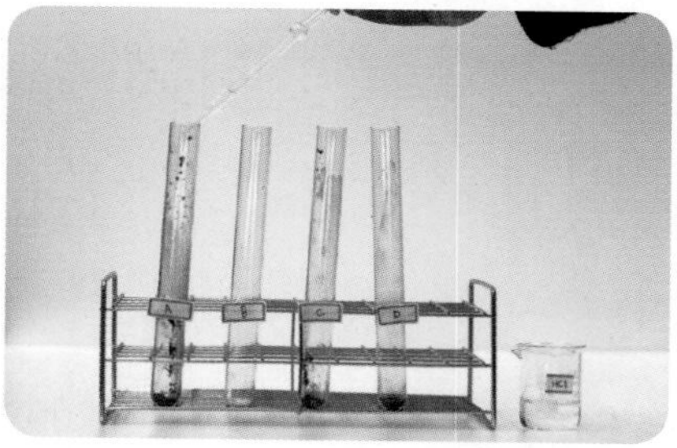

⑤ 각 시험관에 묽은 염산을 떨어뜨린 후 변화를 관찰한다.

정답 및 해설 26쪽

탐구 결과

| | A | B | C | D(가열 후) |
| --- | --- | --- | --- | --- |
| 화합물의 이름 | | | | |
| 색 | | | | |
| 자석과의 반응 | | | | |
| 염산과의 반응 | | | | |

탐구 문제

**1.** 과정 ④ 자석과의 반응에서 시험관 C와 시험관 D의 결과가 다른 이유는 무엇인가?

**2.** 과정 ②에서 시험관 D를 가열하는 이유는 무엇이며, 가열 후 시험관 안에 들어 있는 물질의 색이 변하는 이유는 무엇인지 각각 쓰시오.

· 가열하는 이유 :

· 가열 후 물질의 색이 변하는 이유 :

**3.** 과정 ⑤에서 염산과 반응하는 물질은 무엇이며, 이때 발생하는 기체는 무엇인지 각각 쓰시오.

· 염산과 반응하는 물질 :

· 발생하는 기체 :

## [탐구-2] 아이오딘화 납의 생성 반응

준비물 | 질산 납 수용액, 아이오딘화 칼륨 수용액, 시험관, 눈금 스포이트, 시험관 대, 자

① 굵기가 같은 6개의 시험관에 1~6까지 번호를 붙인다.

② 6개의 시험관에 10% 아이오딘화 칼륨 수용액을 6.0 mL 씩 각각 넣는다.

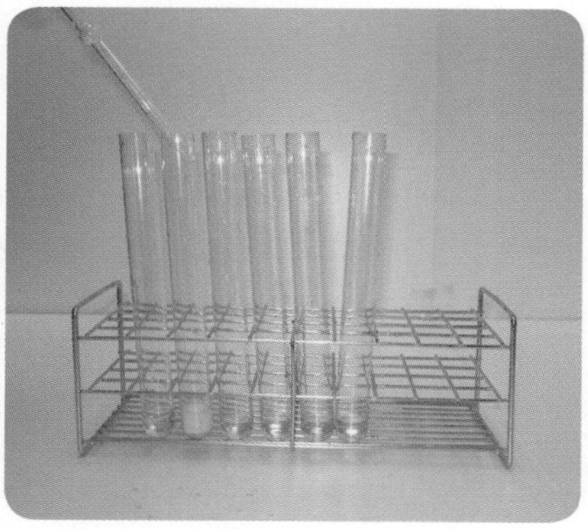

③ 눈금 스포이트를 이용하여 각 시험관에 10% 질산 납 수용액을 0, 2.0, 4.0, 6.0, 8.0, 10.0 mL 를 순서대로 각각 넣는다.

④ 약 10분이 지난 후 시험관 1~6에 생긴 앙금의 높이를 각각 측정한다.

정답 및 해설 26쪽

## 탐구 결과

실험 결과를 표와 그래프로 나타내시오.

| 시험관 | 1 | 2 | 3 | 4 | 5 | 6 |
|---|---|---|---|---|---|---|
| 10% 아이오딘화 칼륨 수용액의 부피(mL) | 6.0 | | | | | |
| 10% 질산 납 수용액의 부피(mL) | 0 | | | | | |
| 앙금의 높이(cm) | 0 | | | | | |

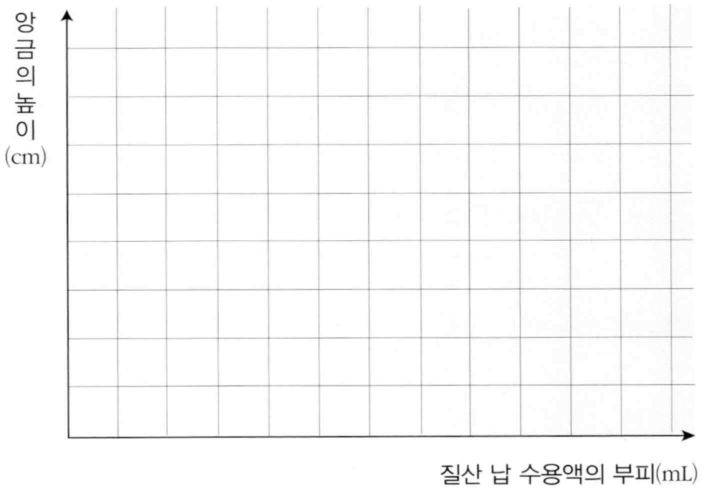


## 탐구 문제

**1.** 굵기가 같은 시험관을 사용하는 이유는 무엇인지 설명하시오.

**2.** 질산 납 수용액을 6.0 mL 이상 넣어도 앙금의 높이가 일정한 이유는 무엇인가?

**3.** 이 실험을 통해 알 수 있는 화학 반응에서의 법칙을 쓰시오.

CEPHEID

# 무한 상상하는 법

1. 고개를 숙인다.
2. 고개를 든다.
3. 뛰어간다.
4. 무한상상한다.

무한상상

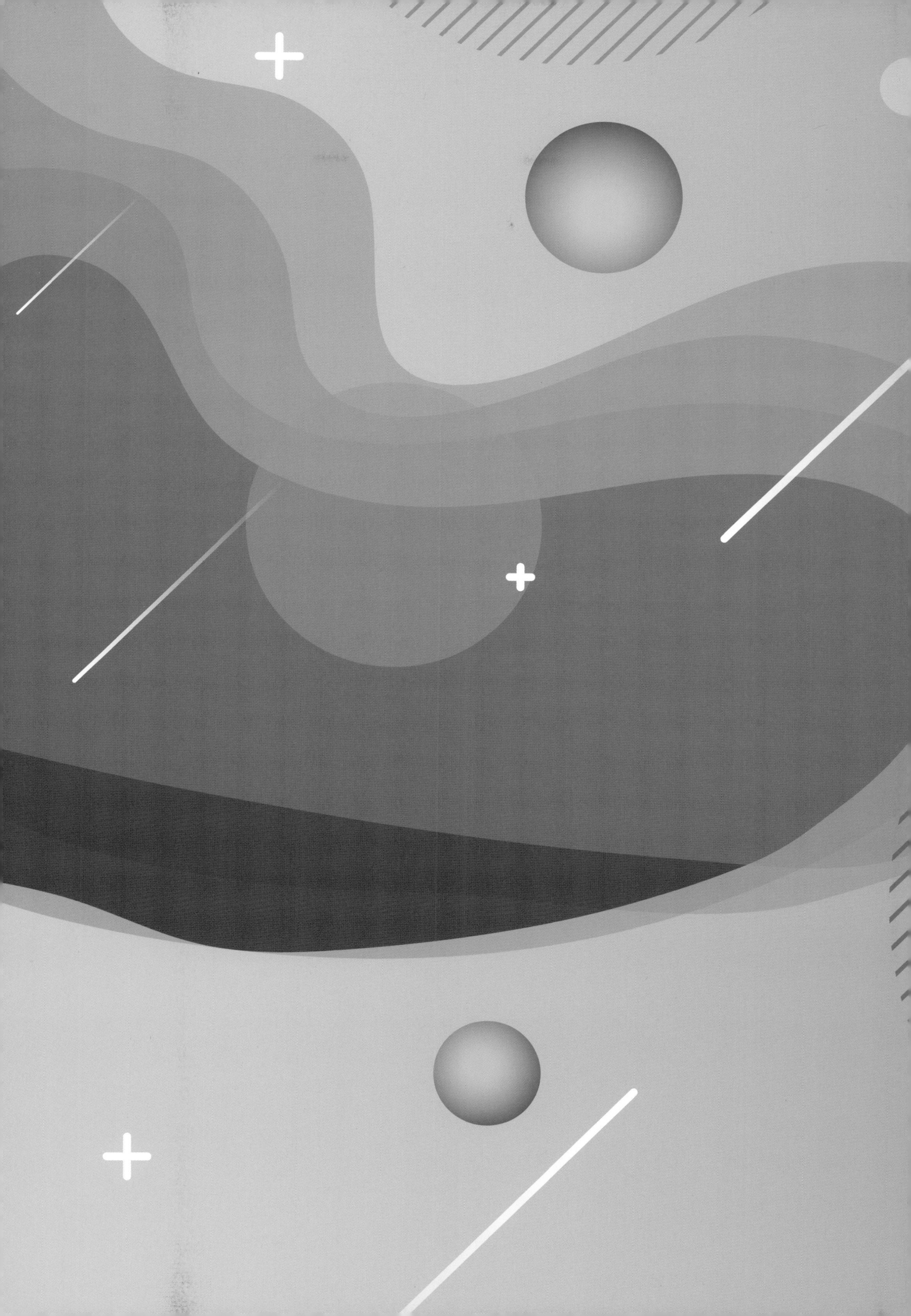

창의력과학

# 세페이드

## 1F. 화학(하) 개정판

## 정답과 해설

http://cafe.naver.com/creativeini
▶『문제풀이 바로가기』를 클릭하면 ' 스스로 실력높이기 ' 채점과 오답풀이 강의를 들을 수 있습니다 .

무한상상

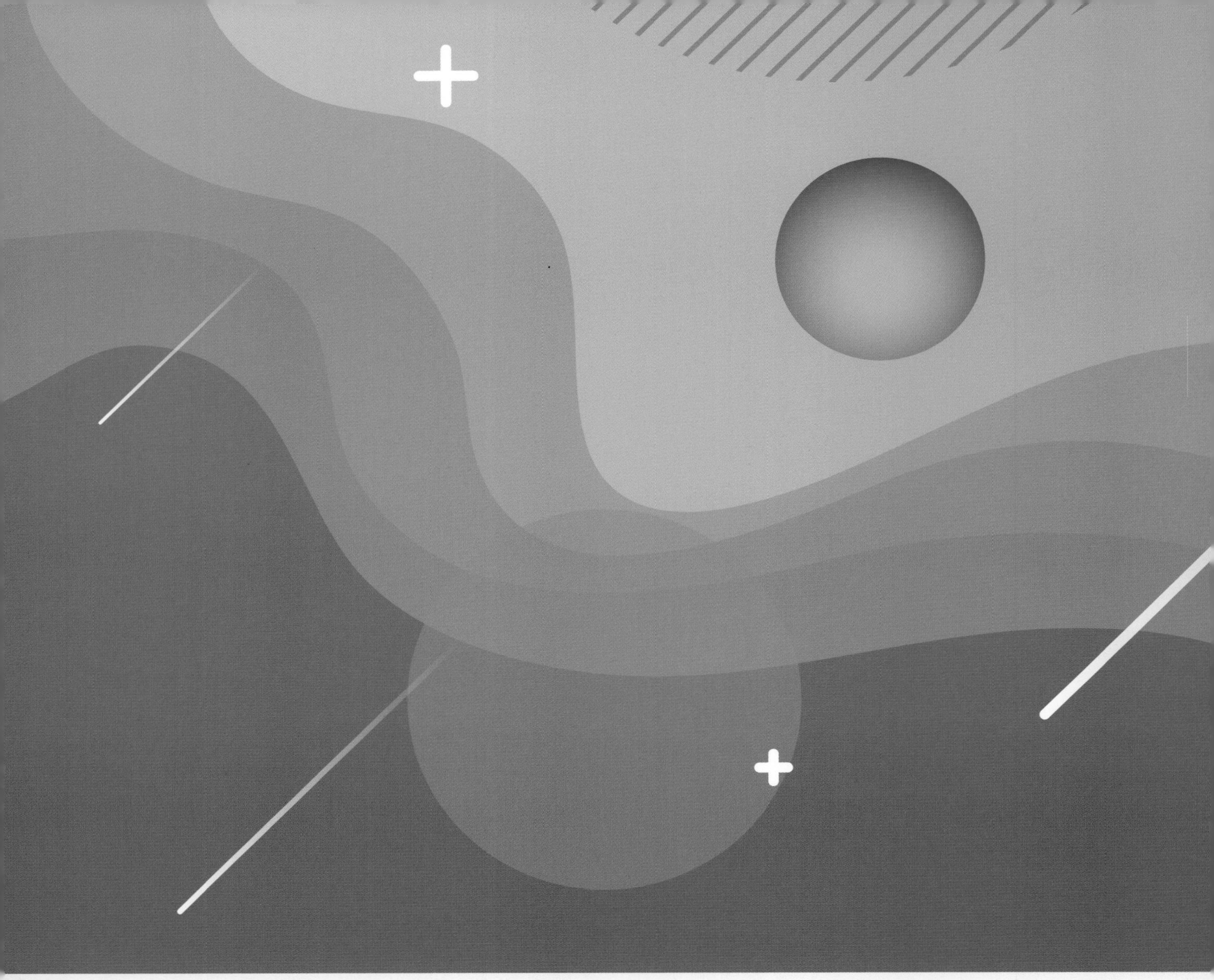

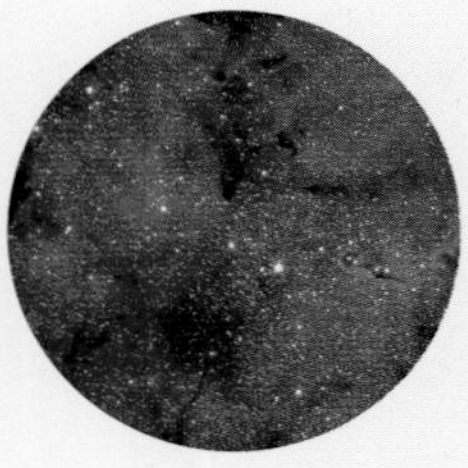

세페이드 I 변광성은 지구에서 은하까지의 거리를 재는 기준별이며 우주의 등대라고 불린다.

사람은 누구나 창의적이랍니다.
창의력 과학의 세계로 오심을 환영합니다!

창의력과학

# 세페이드

## 1F. 화학(하) 개정판

## 정답과 해설

# V 물질의 특성

## 15강. 물질의 특성 I

**개념확인** 10~13쪽

**1.** ③ **2.** 끓는점 **3.** 녹는점, 어는점 **4.** (가)

**확인+** 10~13쪽

**1.** ② **2.** ① **3.** ⑤ **4.** (1) O (2) X (3) X

**1.** 답 ②
해설 ② 물질의 특성은 물질의 양에 관계없이 일정하다.
바른 풀이 ① 물질의 특성은 다른 물질과 구별되는 그 물질만의 고유한 성질이다.
⑤ 물질의 특성을 이용하면 혼합물로부터 물질을 분리할 수 있다.
③, ④ 물질의 특성에는 끓는점, 녹는점, 어는점, 밀도, 용해도, 겉보기 성질이 있으며 부피, 질량, 무게 등은 물질의 특성이 아니다.

**2.** 답 ①
해설 액체가 기체로 상태 변화하는 온도를 끓는점이라 한다.

**3.** 답 ⑤
해설 액체가 고체로 상태 변화하는 온도를 어는점이라 한다.

**4.** 답 (1) O (2) X (3) X
바른 풀이 (2) 같은 물질에서 불꽃 세기가 일정할 때, 물질의 질량이 작으면 끓는점에 빨리 도달한다.
(3) 같은 물질에서 물질의 양이 일정할 때, 불꽃 세기가 클수록 물질은 끓는점에 빨리 도달한다.

**생각해보기** 10~13쪽

★ 아이스크림의 종류를 구분하는 가장 쉽고 간단한 방법은 맛을 보는 것이다.
★★ 산 위로 올라갈수록 기압이 낮아져 끓는점이 낮아진다.
★★★ 물은 0℃에서 얼지만 소금은 얼지 않는다. 물에 소금을 넣으면 소금은 물이 어는 것을 방해해 더 낮은 온도에서 얼게 한다.
★★★★ 소금물은 순수한 물보다 끓는점이 높으나 소금을 뺀 양만큼 물의 양이 적기 때문에 더 빨리 가열된다. 따라서 소금이 녹은 정도에 따라 끓는점에 도달하는 시간도 다르다.

**개념 다지기** 14~15쪽

| | | |
|---|---|---|
| **01.** ①, ② | **02.** ③ | **03.** ①, ④, ⑤ |
| **04.** ① | **05.** ① | **06.** ① |

**01.** 답 ①, ②
해설 겉보기 성질은 사람의 감각 기관이나 간단한 도구를 이용하여 쉽게 구별할 수 있는 성질로 색, 맛, 냄새, 촉감, 굳기, 결정 모양 등이 있다.

**02.** 답 ③
바른 풀이 ③ 설탕, 소금 - 맛, 결정 모양
해설 ① 구리, 은 - 색, 굳기
② 자갈, 흙 - 색, 촉감
④ 밀가루, 전분 가루 - 색, 촉감, 물에 녹이기
⑤ 오렌지 주스, 알로에 주스 - 색, 맛, 냄새

**03.** 답 ①, ④, ⑤
바른 풀이 ② 순수한 물의 어는점은 0℃, 끓는점은 100℃이다.
③ 순수한 물질의 녹는점과 어는점은 물질의 양이나 불꽃 세기가 변해도 항상 일정하다.

**04.** 답 ①
해설 고체가 액체로 상태 변화하는 온도를 녹는점, 액체가 고체로 상태 변화하는 온도를 어는점이라고 한다.

**05.** 답 ①
해설 같은 물질에서 불꽃 세기가 일정할 때, 물질의 질량이 작으면 끓는점에 빨리 도달한다. 따라서 A<B<C 순으로 양이 증가한다.

**06.** 답 ①
해설 녹는점에서 고체는 액체로, 어는점에서 액체는 고체로 상태 변화한다.

**유형 익히기 & 하브루타** 16~19쪽

| | | |
|---|---|---|
| **[유형15-1]** ①, ③ | **01.** ④ | **02.** ④ |
| **[유형15-2]** ⑤ | **03.** ② | **04.** ② |
| **[유형15-3]** (1) (나) (2) (다) (3) (가) | | |
| | **05.** ② | **06.** ① |
| **[유형15-4]** ④ | **07.** ⑤ | **08.** A |

**[유형15-1]** 답 ①, ③
해설 소금과 흑설탕의 적절한 구분 방법으로 색을 확인하거나 맛을 보는 방법이 있다. 냄새는 물질의 겉보기 성질에 해당되나 두 물질을 냄새로 구분하기는 어려워 적절하지 않으며, 부피, 질량은 물질을 구별할 수 있는 성질이 아니다.

01. 답 ④
해설 맛과 냄새는 겉보기 성질에 해당하는 물질의 특성이다. 물질의 상태에 따라 변화 가능한 농도, 질량, 결정의 크기, 길이, 넓이, 부피, 밀도 등은 물질의 특성이 아니다.

02. 답 ④
해설 ④ 물질의 특성으로 물질을 구별할 수 있다.
바른 풀이 ①, ②, ③ 물질의 상태에 따라 변화가 가능한 온도와 질량, 물질의 크기는 물질의 특성이 아니다.
⑤ 맛은 겉보기 성질에 해당하는 물질의 특성이다.

**[유형15-2]** 답 ⑤
해설 액체에서 기체로 상태 변화하면서 일정해지는 온도가 끓는점이므로 끓는점은 63.8℃이다.

03. 답 ②
해설 액체 물질을 가열하면 물질의 온도가 상승하다가 온도가 일정해지는 구간에서는 액체에서 기체로의 상태 변화가 일어난다.

04. 답 ②
해설 액체가 기체로 상태 변화하는 동안 일정하게 유지되는 온도를 끓는점이라 한다.

**[유형15-3]** 답 (1) (나) (2) (다) (3) (가)
해설 시간이 지남에 따라 온도가 상승하다가 액체에서 기체로 상태 변화하는 온도는 끓는점, 온도가 상승하다가 고체에서 액체로 상태 변화하는 온도는 녹는점, 온도가 하강하다가 액체에서 고체로 상태 변화하는 것은 어는점이다.

05. 답 ②
해설 같은 물질의 경우 녹는점과 어는점은 같다. 물질의 어는점이 20℃였다면 녹는점도 20℃이다.

06. 답 ①
해설 고체가 액체로 상태 변화하는 동안 일정하게 유지되는 온도를 녹는점이라 한다.

**[유형15-4]** 답 ④
해설 ④ 물질 A, B, C는 끓는점이 같으므로 같은 물질이다.
바른 풀이 ① 물질 A, B, C는 끓는점은 모두 같다.
② 끓는점에 가장 늦게 도달하는 C의 질량이 가장 크다.
③ 가장 빨리 끓는점에 도달하는 것은 A이다.
⑤ 가열 시간이 증가해도 끓는점은 변하지 않는다.

07. 답 ⑤
바른 풀이 ⑤ 용기의 뚜껑을 열어두면 열이 빠져나가 끓는점에 도달하는 속도가 느려진다.
해설 ① 물질의 양이 적으면 끓는점에 빨리 도달한다.
② 산 정상은 압력이 낮아 끓는점에 빨리 도달한다.
③ 불꽃 세기를 강하게 하면 끓는점에 빨리 도달한다.
④ 밑바닥이 넓은 용기를 사용하면 불꽃으로부터 받는 열의 면적이 넓어져 끓는점에 빨리 도달한다.

08. 답 A
해설 같은 물질에서 물질의 양이 일정할 때, 불꽃 세기가 클수록 물질은 끓는점에 빨리 도달한다.

## 창의력 & 토론마당 20~23쪽

**01** 금속, 밀랍, 석고는 녹는점이 다르기 때문에 석고 틀에 금속 액체를 부어 냉각시킨 후 석고를 제거하면 원하는 형체의 금속만 남아 정교하고 섬세한 작업을 하기에 편리하다.

해설 금속은 매우 단단하여 정교한 형체를 만들기 어렵다. 하지만 밀랍은 무르기 때문에 원하는 형체를 쉽게 만들 수 있고, 석고에 비해 녹는점이 낮아 쉽게 녹일 수 있다. 만들어진 석고 틀에 금속 액체를 붓고 건조시킨 뒤 석고를 부수면 정교하고 섬세한 국새를 얻을 수 있다.

**02** 〈예시 답안〉
1. 물에 넣고 저어 본다.
2. 알코올 램프 위에서 가열해 본다.
3. 자석을 대 본다.
4. 무게를 비교해 본다.
5. 높은 곳에서 떨어뜨려 본다. 등

해설 1. 물 위에 뜬 것이 스타이로폼이고, 가라앉은 것이 쇠구슬과 사탕이다. 이 중에서 사탕은 물에 넣고 저었을 때 녹아 크기가 작아진다. → 밀도 비교
2. 가열을 하면 사탕은 달콤한 냄새가 나면서 녹고, 시간이 지나면 검게 탄다. 스타이로폼은 금방 타버리며, 쇠구슬은 뜨겁게 달궈지지만 녹지 않는다.→ 녹는점 비교
3. 자석에 붙는 것은 쇠구슬이다. → 자성 비교
4. 가장 무거운 것이 쇠구슬, 그 다음이 사탕, 가장 가벼운 것이 스타이로폼이다. → 무게 비교
5. 사탕은 깨질 것이고, 쇠구슬은 찌그러지나 바닥에 부딪칠 때 큰 소리가 난다. 스타이로폼은 깨지지도 않고 큰 소리도 나지 않을 것이다.→ 굳기 비교

**03** 기포는 수증기이며, 식용유는 끓지 않고 물만 끓는 것으로부터 물보다 식용유의 끓는점이 더 높아 수증기가 들어 있는 기포가 생긴다는 것을 알 수 있다.

해설 뜨거운 식용유는 끓는점이 높아 끓지 않지만, 식용유에 감자를 넣으면 감자 속에 있던 물이 끓어올라 기화된다. 물의 기화로 생성된 수증기는 감자 주변에 기포를 만들며 공기 중으로 날아간다.

**04** 〈예시 답안〉
1. 끓임쪽을 넣는다.
2. 압력을 증가시킨다.
3. 불을 약하게 한다.
4. 소금을 첨가한다.

해설 끓임쪽에는 아주 작은 구멍들이 있기 때문에 액체의 온도가 올라가면 이 구멍들 속에 들어 있는 공기가 팽창하고 기포를 형성해 구멍 밖으로 나오게 된다. 이러한 기포는 액체 속에서 빈틈을 만들어 물이 끓는점에서 서서히 끓어오르게 한다. 압력을 증가시키면 끓는점이 높아져 더 늦게 끓어오르게 되고, 불의 세기를 약하게 하면, 물이 더 천천히 끓어오른다. 소금의 입자 운동은 물의 기화를 방해하여 증발하는 속도를 느리게 한다.

05

〈예시 답안〉
1. 현재보다 비가 오는 횟수가 줄고, 눈이 오는 횟수가 많아진다.
2. 현재보다 빙하가 많아지므로, 바다의 염분이 증가한다.
3. 첫눈이 오는 시기가 빨라진다.
4. 땅이 얼어 있는 기간이 현재보다 늘어난다.
5. 극지방에 빙하가 많아져서 해수면이 낮아진다.
6. 낮아진 해수면 때문에 잠겨있던 섬들이 육지가 되는 곳이 있다. 등

해설 바닷물의 염분은 얼지 않기 때문에, 물이 얼어 빙하가 많아지면 해수면이 낮아지기 때문에 잠겨 있던 섬들이 육지가 되고, 바다의 염분이 증가한다.

## 스스로 실력 높이기 24~27쪽

01. 끓는점, 용해도　02. (1) ㉡ (2) ㉢ (3) ㉠
03. 38.5　04. B　05. (1) O (2) O (3) X
06. >　07. 30　08. (1) O (2) O (3) O
09. 40　10. ①　11. ④, ⑤　12. ①
13. ①, ③, ⑤　14. ①　15. C
16. ④　17. ①　18. ⑤　19. B
20. ③
21. 끓임쪽의 기포는 액체 속에 빈틈을 만들어 물이 서서히 끓어오르게 한다.
22. 메탄올이 연소되는 동안 발생하는 열에너지가 물이 기화되는데 사용되기 때문에 일정 시간 동안 뜨거움을 느끼지 못하는 것이다.

01. 답 끓는점, 용해도
해설 물질의 특성에는 끓는점, 녹는점, 어는점, 밀도, 용해도, 겉보기 성질(색, 맛, 냄새, 촉감 등) 등이 있다.

03. 답 38.5
해설 어는점에서 물질은 액체에서 고체로 상태 변화하며 온도가 일정해진다.

04. 답 B
해설 B는 끓는점, C는 녹는점이다.

05. 답 (1) O (2) O (3) X
해설 (3) 녹는점, 어는점에서는 고체 상태와 액체 상태가 함께 존재한다. 녹는점에서 고체는 액체로 상태 변화하고, 어는점에서 액체는 고체로 상태 변화한다.

06. 답 >
해설 온도가 더 높이 올라가는 (가) 물질의 끓는점이 더 높다.

09. 답 40
해설 물질이 액체에서 고체로 응고되는 온도를 어는점이라 한다. 같은 물질의 경우 녹는점과 어는점은 같으므로 녹는점이 40℃인 물질이 응고되는 온도는 40℃이다.

10. 답 ①
바른 풀이 ① 자갈, 흙 - 색, 촉감, 굳기, 결정 모양
해설 ② 소금, 설탕 - 색, 맛, 촉감, 결정 모양
③ 에탄올, 물 - 맛, 냄새
④ 밀가루, 소금 - 색, 맛, 촉감, 결정 모양
⑤ 소금, 황산 구리 - 색, 냄새, 결정 모양

11. 답 ④, ⑤
바른 풀이 ① 산 꼭대기에서 압력이 낮아져 끓는점도 낮아진다.
② 물질의 종류에 따라 끓는점은 다르다.
③ 질량이 커져도 끓는점은 항상 일정하다.

12. 답 ①
바른 풀이 ③ 구리와 은 - 색을 구별한다.
②, ④ 소금과 설탕 - 맛을 본다.
⑤ 밀가루와 전분 가루 - 만져서 촉감을 비교한다.

13. 답 ①, ③, ⑤
해설 녹는점, 끓는점, 어는점은 물질의 특성에 해당되지만 질량과 부피는 물질의 특성이 아니다. 물질의 특성에는 끓는점, 녹는점, 어는점, 밀도, 용해도, 겉보기 성질(색, 맛, 냄새, 촉감 등) 등이 있다.

14. 답 ①
바른 풀이 ① 녹는점과 어는점은 질량이 변해도 항상 일정하다.
해설 ②, ③, ④, ⑤ 고체가 액체로 변하는 온도를 녹는점, 액체가 고체로 변하는 온도를 어는점이라 한다. 녹는점과 어는점에서 온도는 일정하며, 두 가지 모두 물질의 특성이다. 물의 어는점과 얼음의 녹는점은 같다.

15. 답 C
해설 끓는점이 모두 같으므로 같은 물질이다. 같은 물질에서 불꽃 세기가 일정할 때, 물질의 질량이 크면 끓는점에 늦게 도달한다. 가장 늦게 끓는점에 도달한 물질인 C의 양이 가장 많다.

16. 답 ④

해설 액체의 종류, 액체의 질량, 불꽃의 세기, 액체를 담는 용기의 크기나 모양은 액체가 끓는점에 도달하는 시간에 영향을 미친다.

17. 답 ①

바른 풀이 ① (가)의 끓는점이 100℃이므로 물이다.

해설 ②, ③ (나)가 끓는점에 먼저 도달하지만, (가)의 끓는점이 더 높다.

④ (가)와 (나)의 녹는점은 나타나지 않았으므로 비교할 수 없다.

⑤ 온도가 일정한 구간은 액체에서 기체로 상태 변화하는 구간이다.

18. 답 ⑤

바른 풀이 ⑤ 어는점보다 온도가 높아지면, 고체는 액체로 상태 변화한다.

19. 답 B

해설 그래프의 가로축이 시간이므로 가장 빠른 시간 안에 끓는점에 도달하는 액체는 B이다.

20. 답 ③

해설 ③ B와 C의 끓는점이 같으므로 같은 물질이다. 같은 물질이고 불꽃 세기가 일정할 때, C가 끓는점에 더 늦게 도착하므로 B보다 질량이 더 크다.

바른 풀이 ① A의 끓는점이 가장 높다. 끓는점이 가장 낮은 물질은 D이다.

② B와 D는 끓는점이 다르므로 같은 물질이 아니다.

④ 가장 늦게 끓는점에 도달하는 물질은 D이다.

⑤ 그래프는 총 3개(A, B = C, D)의 서로 다른 물질을 나타낸다.

21. 답 끓임쪽의 기포는 액체 속에 빈틈을 만들어 물이 서서히 끓어오르게 한다.

해설 끓임쪽에는 아주 작은 구멍들이 있어서, 액체의 온도가 올라가면 이 구멍들 속에 들어 있는 공기가 팽창하고 기포를 형성해 구멍 밖으로 나오게 된다. 이러한 기포는 액체 속에서 빈틈을 만들어 물이 끓는점에서 서서히 끓어오르게 한다.

22. 답 메탄올이 연소되는 동안 발생하는 열에너지가 물이 기화되는데 사용되기 때문에 일정 시간 동안 뜨거움을 느끼지 못하는 것이다.

해설 물이 끓는점에 도달하면 액체와 기체가 공존하며, 상태 변화하는 동안 온도가 일정하다. 메탄올이 연소될 때 열에너지가 발생하는데 이 열에너지가 물이 기화될 때 쓰이기 때문에 뜨거움을 느끼지 못한다.

# 16강. 물질의 특성 II

## 개념확인 28~31쪽

**1.** ㉠ 부피 ㉡ 질량 **2.** 밀도

**3.** (1) 용해 (2) 용해도

**4.** (1) 온도 (2) 온도, 압력

## 확인+ 28~31쪽

**1.** (1) ㉡, ㉣ (2) ㉠, ㉢ **2.** 0.8

**3.** 밀도, 용해도 **4.** (다)

**2.** 답 0.8

해설 $밀도 = \frac{질량}{부피} = \frac{8\ g}{10\ mL} = 0.8\ g/mL$

**4.** 답 (다)

해설 기체는 압력이 높을수록, 온도가 낮을수록 용해도가 증가한다.

## 생각해보기 28~31쪽

★ 질량은 장소에 관계없이 물질이 가지는 고유한 양이므로 지구와 달에서 질량은 모두 같다.

★★ 물과 장난감의 밀도의 차이 때문이다. 밀도가 큰 물질은 밀도가 작은 물질 아래로 가라앉는다. 물에 가라앉는 장난감은 물보다 밀도가 큰 것이고 물 위로 뜨는 장난감은 물보다 밀도가 작은 장난감이다.

★★★ 고체의 용해도는 온도가 높을수록 증가한다. 따라서 커피도 뜨거운 물에서 더 잘 녹는다.

★★★★ 탄산 음료에 녹아 있는 이산화 탄소도 기체이므로 온도가 낮을수록 용해도가 증가한다. 따라서 차가운 탄산 음료에는 이산화 탄소가 많이 녹아 있어 마셨을 때 톡 쏘는 맛이 강하다. 하지만 높은 온도에서는 이산화 탄소가 음료에 많이 녹지 못하고 공기 중으로 빠져나오므로 차가운 음료수보다 톡 쏘는 맛이 약하다.

## 개념 다지기 32~33쪽

| | | |
|---|---|---|
| **01.** ④ | **02.** ①, ④ | **03.** ④ |
| **04.** ⑤ | **05.** ⑤ | **06.** ①, ②, ⑤ |

**01.** 답 ④

바른 풀이 ④ 물에 뜨는 코르크 마개는 가는 철사를 이용해 코르크 마개를 눌러서 물속에 넣은 후 늘어난 부피를 측정한다.

**02.** 답 ①, ④
바른 풀이 ② 질량은 전자저울, 윗접시저울, 양팔저울 등으로 측정한다.
③ 질량의 단위는 g, kg 등을 사용하며 L 는 부피의 단위이다.
⑤ 지구가 물체를 끌어당기는 힘은 무게(중력)이다.

**03.** 답 ④
바른 풀이 ④ 밀도 = $\frac{질량}{부피}$이므로 질량이 일정할 때 부피가 증가하면 밀도 값은 작아진다.

**04.** 답 ⑤
해설 물 분자와 에탄올 분자는 그 크기가 다르다. 크기가 큰 에탄올 분자 사이에 크기가 작은 물 분자가 끼어들어 전체 부피는 각각의 부피를 더한 값보다 작다.

**05.** 답 ⑤
해설 ⑤ 콜라를 열 때, 용기 내부의 압력이 낮아지면서 콜라에 녹아 있던 이산화 탄소의 용해도가 감소하기 때문에 이산화 탄소 기체가 빠져나온다.

**06.** 답 ①, ②, ⑤
바른 풀이 ③ 같은 물질이라도 온도에 따라서 용해도는 달라진다. 고체의 경우 온도가 높아질수록 대체로 용해도는 증가하며, 기체의 경우 온도가 낮아질수록 용해도는 증가한다.
④ 온도가 높아질수록 고체의 용해도는 증가하지만 기체의 용해도는 감소한다.

**유형 익히기 & 하브루타** 34~37쪽

**[유형16-1]** ⑤ **01.** ㄱ, ㄹ **02.** 17
**[유형16-2]** ㉠ 천장 쪽, ㉡ 바닥 쪽
**03.** (다), (나), (가) **04.** (1) 8 (2) 3
**[유형16-3]** ②
**05.** ㉠ 용매 ㉡ 용질 ㉢ 용해 ㉣ 용액
**06.** ④
**[유형16-4]** ① **07.** ④ **08.** ④

**[유형16-1]** 답 ⑤
해설 ㄷ. 기체는 온도가 높아질수록 분자 운동이 활발해져 부피가 증가한다. 또한 압력이 높을수록 부피는 감소한다.
ㄹ. 질량은 전자저울, 윗접시저울, 양팔저울을 이용하여 측정한다.
바른 풀이 ㄱ. 질량과 부피는 물질의 양에 따라 달라지므로 물질의 특성이 될 수 없다.
ㄴ. 질량은 장소에 관계없이 일정한 양이다. 물질이 차지하는 공간은 부피이다.

01. 답 ㄱ, ㄹ
해설 모양이 불규칙한 고체는 고체 물질을 녹이지 않는 액체 물질을 눈금실린더에 넣은 뒤, 그 실린더에 고체 물질을 매달아 액체 속에 넣고 늘어난 부피를 측정한다.

02. 답 17
해설 수평이 되었을 때 오른쪽의 분동의 질량을 모두 더하면 된다. 10 g 분동 1개, 5 g 분동 1개, 2 g 분동 1개이므로 총 17 g 이다.

**[유형16-2]** 답 ㉠ 천장 쪽 ㉡ 바닥 쪽
해설 LNG 가스는 공기보다 밀도가 작아서 공기 위로 뜨게 된다. 따라서 가스가 누출되었을 때 경보기를 천장 쪽에 달아야만 누출된 것을 확인할 수 있다. 반대로 LPG 가스는 공기보다 밀도가 커서 공기 아래로 가라 앉기 때문에 바닥쪽에 경보기를 달아야 한다.

03. 답 (다), (나), (가)
해설 밀도가 큰 물질은 밀도가 작은 물질 아래로 가라앉는다.

04. 답 (1) 8 (2) 3
해설 (1) 정육면체의 부피는 가로, 세로, 높이를 곱해서 계산할 수 있다. $2\ cm \times 2\ cm \times 2\ cm = 8\ cm^3$
(2) 밀도는 질량을 부피로 나눈 값이다.

$$밀도 = \frac{질량}{부피} = \frac{24\ g}{8\ cm^3} = 3\ g/cm^3$$

**[유형16-3]** 답 ②
해설 용질 입자와 용매의 입자의 개수는 변하지 않으므로 전체 질량은 두 물질의 질량을 합한 것과 같다. 용액의 부피는 용질 입자와 용매 입자가 골고루 섞여 들어가 빈 공간을 채우게 되므로 용질과 용매의 부피를 합한 것보다 작다.

06. 답 ④
해설 고체 물질은 용매의 온도를 높여줄수록 용해도가 높아진다.

**[유형16-4]** 답 ①
바른 풀이 ① 0℃의 물 100 g 에 소금은 약 35 g 녹을 수 있다.

07. 답 ④
해설 기체는 온도가 낮을수록 압력이 높을수록 용해도가 증가한다.

08. 답 ④
해설 여름에는 기온이 높아 호수의 기체의 용해도는 감소하게 된다. 호수에 녹아 있는 산소의 양이 적어지므로 물고기들이 수면 위로 올라와 산소를 몸속으로 공급하는 것이다.

## 창의력 & 토론마당 38~41쪽

**01** 질량이 같은 왕관과 순금의 부피를 측정하였을 때 왕관이 들어 있는 수조에서 물이 더 많이 흘러넘쳤으므로 왕관의 부피가 더 크다는 것을 알 수 있다. 밀도는 질량을 부피로 나눈 값이므로 부피가 클수록 밀도는 작아진다. 밀도는 물질의 특성이므로 왕관과 순금은 다른 물질인 것을 알 수 있다.

해설 질량이 같은 왕관과 순금을 같은 양의 물이 담긴 수조에 넣었을 때, 넘친 물의 부피는 각각 왕관과 순금의 부피를 의미한다. 왕관이 담긴 수조에서 더 많은 물이 넘쳐 흐른 것은 순금보다 왕관의 부피가 더 크다는 것이며, 왕관의 밀도가 더 작다는 것을 알 수 있다. 밀도는 물질의 특성이므로 왕관과 순금의 밀도가 다른 것을 보아 왕관이 순금으로 만들어지지 않았다는 것을 알 수 있다.

**02** 다이어트 콜라가 일반 콜라보다 단맛을 내는 물질을 적게 포함하므로 부피는 같지만 질량이 작아서 밀도가 더 작다.

해설 다이어트 콜라와 일반 콜라는 부피가 250 mL 로 같지만 질량이 서로 다르기 때문에 밀도가 다르다. 일반 콜라의 경우 당류가 27 g 이지만 다이어트 콜라는 당류가 0 g 이므로 일반 콜라의 질량이 더 크기 때문에 밀도도 더 크다.

**03** 〈예시 답안〉 철을 얇게 펴서 내부에 빈 공간을 만들어 부피를 증가시켜 배의 전체 밀도를 감소시킨다.

해설 물체의 내부를 빈 공간으로 만들면 부피가 증가해 밀도는 감소한다. 여러 가지 방법들을 생각해 볼 수 있다.

**04** 압력을 높여 몸속의 질소를 다시 혈액 속으로 녹아들어가게 한 다음 압력을 서서히 낮춰 혈관을 통해 질소가 빠져나오게 한다.

해설 잠수병에 걸렸을 경우 잠수부를 고압실에 넣고 일정한 압력에 두면 발생한 기포가 다시 혈액에 녹아 들어가게 되고, 압력을 서서히 낮추면 혈액 속에 과다하게 녹아 있던 질소 기체가 서서히 폐를 통해 방출되므로 병을 치료할 수 있다.

**05** 콜라 안의 물이 얼면서 용해되어 있던 이산화 탄소가 빠져나가 콜라 캔 속에 쌓이다가 압력을 견디지 못하고 마개를 열 때 폭발적으로 밀고 나와서 폭발한 것이다.

해설 콜라 속에 녹아 있는 이산화 탄소 때문이다. 콜라는 물속에 이산화 탄소가 녹아 탄산의 형태를 유지하고 있는 음료이다. 냉동실에 넣어 두면 물만 얼어서 용매가 줄어들고 이산화 탄소가 빠져나가게 된다. 좁은 공간에 이산화 탄소가 쌓이다가 엄청난 압력을 견디지 못하고 튀어나오며 냉장고 속에서 폭발로 이어질 수도 있다. 또 이번 중국에서 일어난 사건처럼 콜라 캔이 그 압력을 견뎌내고 있더라도 용기 속의 엄청난 압력이 캔의 뚜껑을 여는 순간 폭발적으로 밀고 나오면서 폭발 사고로 이어질 수 있는 것이다.

## 스스로 실력 높이기 42~45쪽

| | | | |
|---|---|---|---|
| **01.** (1) 부 (2) 질 (3) 부 (4) 부 | | | **02.** ㄱ |
| **03.** ㄴ | **04.** ㉣>㉢>㉡>㉠ | | |
| **05.** ㉠ 온도(압력) ㉡ 압력(온도) | | | |
| **06.** ㉠ 감소 ㉡ 일정 | | **07.** ㄴ | |
| **08.** ㄴ, ㄷ | **09.** (다) | **10.** 증가 | **11.** ④ |
| **12.** ① | **13.** ② | **14.** ① | **15.** ②, ④ |
| **16.** ③ | **17.** ①, ④ | **18.** ④ | **19.** ⑤ |
| **20.** ① | **21.~22.** 〈해설 참조〉 | | |

02. 답 ㄱ
해설 ㄴ. 밀도가 작은 물질은 밀도가 큰 물질 위로 뜬다.
ㄷ. 질량이 같을 때 부피가 커질수록 밀도는 작아진다.

03. 답 ㄴ
해설 ㄴ. 물의 밀도(1 g/cm$^3$)보다 밀도가 작은 물질이 물 위로 뜬다.

04. 답 ㉣>㉢> ㉡>㉠
해설 밀도가 큰 물질은 가라앉고, 밀도가 작은 물질은 밀도가 큰 물질 위에 뜬다.

05. 답 ㉠ 온도(압력) ㉡ 압력(온도)
해설 기체의 용해도는 온도와 압력의 영향을 크게 받으므로 항상 온도와 압력을 표시해 주어야 한다.

07. 답 ㄴ
해설 ㄴ. 소금과 물의 분자가 서로의 빈 공간을 채우기 때문에 전체의 부피는 각각의 부피의 합보다 조금 작다.

08. 답 ㄴ, ㄷ
해설 기체는 온도가 낮고, 압력이 높을 때 용해도가 커진다.

09. 답 (다)
해설 온도가 높아지면 사이다의 용해도가 감소해 사이다에 녹아 있던 이산화 탄소가 기포로 나오게 된다.

10. 답 증가
해설 (가)에서는 낮은 온도에서 기체가 많이 녹아 있는 상태이다. (가)의 시험관을 더운물로 옮기면 기체의 용해도는 감소한다. 따라서 시험관에 녹아 있던 기체는 공기 중으로 빠져나오기 때문에 기포가 많이 발생한다.

11. 답 ④

바른 풀이 ㄴ. 밀도는 질량을 부피로 나누어서 계산한다.

$$밀도 = \frac{질량}{부피}$$

12. 답 ①

해설 ① 밀도의 크기는 수은>동전>글리세린>포도알>물 >식용유>코르크 마개이다.

바른 풀이 ④ 포도알을 반으로 잘라도 밀도의 변화는 없다.
⑤ 그림에서와 같이 액체와 고체의 밀도를 비교할 수 있다.

13. 답 ②

해설 물체의 질량 (20 g)과 물체의 부피 (10 mL, 나중 부피 60 mL − 처음 부피 50 mL)를 이용해 구할 수 있다.

$$밀도 = \frac{질량}{부피} = \frac{20\ g}{10\ mL} = 2\ g/mL$$

14. 답 ①

해설 철 조각의 질량 10.5 g, 철 조각의 부피 10 mL(나중 부피 55 mL − 처음 부피 45 mL)이다.

$$밀도 = \frac{질량}{부피} = \frac{10.5\ g}{10\ mL} = 1.05\ g/mL$$

15. 답 ②, ④

바른 풀이 ①, ③, ⑤ 모두 밀도를 크게 하여 이용하는 경우이다.

16. 답 ③

해설 물질 X 의 용해도 곡선을 보면 50℃ 물 100 g 에 물질 X 100 g 이 녹을 수 있다는 것을 알 수 있다. 물이 200 g 으로 두 배 늘어나면 용해될 수 있는 양도 두 배로 늘어나기 때문에 물 200 g 에는 물질 X가 총 200 g 녹을 수 있다.

17. 답 ①, ④

해설 피스톤을 잡아 당기면 피스톤 안의 압력은 낮아진다. 압력이 낮아지면 기체의 용해도는 감소하기 때문에 사이다에 이미 녹아 있던 기체들은 사이다 밖으로 빠져나오게 된다. 따라서 기포의 수는 증가하게 된다.

18. 답 ④

해설 ④ 온도가 높아지면 기체의 용해도가 감소하기 때문에 어항의 산소가 부족하여 물고기가 수면으로 올라온다. 또한, 사이다를 냉장고에서 꺼내 오래 두면 차가웠던 음료가 미지근해지면서 사이다 안의 이산화 탄소가 밖으로 빠져나와 톡 쏘는 맛이 느껴지지 않는다.

19. 답 ⑤

해설 고체의 경우 온도가 높을수록 용해도가 점점 증가한다. 점점 증가하는 모양의 그래프 ⑤이다.

20. 답 ①

바른 풀이 ② 20℃에서 질산 나트륨의 용해도가 가장 크다.
③ 80℃에서 용해도가 가장 큰 것은 질산 칼륨이다.
④ 질산 칼륨과 질산 나트륨의 용해도는 70℃에서 같다.
⑤ 온도에 따라 용해도의 변화가 가장 큰 것은 질산 칼륨이다. 염화 나트륨은 온도에 따라 용해도의 변화가 가장 작은 물질이다.

21. 답 배 내부의 빈 공간에 공기를 채우면 질량은 약간 증가하고 부피는 많이 증가하므로, 배 전체의 밀도가 물보다 작아져 배를 물에 띄울 수 있다.

22. 답 열기구 주머니 안의 공기를 가열하면 공기의 부피가 증가하고, 밀도가 작아져 떠오르게 된다.

## 17강. Project 5

### 서술 46~47쪽

Q1 모래 수렁에서 허우적거리면 사람의 몸 사이로 물이 들어와 모래 수렁의 밀도가 점점 낮아지기 때문에 사람은 점점 더 아래로 빠지게 된다.

Q2 사람 몸의 대부분은 물로 이루어져 있으므로 밀도가 1에 가까울 것이다. 모래의 밀도는 2로 사람 몸의 거의 2배이므로 사람이 모래 위로 떠오르게 된다.

### 탐구-1 48~49쪽

1. 철사 등을 이용하여 위에서 살짝 눌러 준다. 물에 가라 앉는 물체에 실로 매달아 집어 넣어 부피를 잰 후, 물에 가라앉는 물체의 부피를 뺀다. 등
2. 같다.
3. A : 수은, B : 아세트산, C : 알루미늄

3. A : 수은, B : 아세트산, C : 알루미늄

해설 같은 물질은 밀도가 같다. 밀도는 $\frac{부피}{질량}$로 계산한다.

A의 밀도 : $\frac{2.7\ g}{0.2\ mL} = 13.5\ g/mL$

B의 밀도 : $\frac{10.5\ g}{10\ mL} = 1.05\ g/mL$, C의 밀도 : $\frac{21.6\ g}{8\ mL} = 2.7\ g/mL$

### 탐구-콜라 비교 50~51쪽

1. 캔의 용량을 읽어 준다.
2. 음료수가 들어 있는 캔의 무게를 측정한 후 음료수를 따라내고 캔의 무게를 잰다. 음료수가 들어 있는 캔 전체 무게에서 캔만의 무게를 빼준다.

# VI 물질의 분리

## 18강. 혼합물 분리 I

**개념확인** 54~57쪽

| | |
|---|---|
| 1. ㄷ, ㄹ, ㅁ | 2. ③ |
| 3. 분별 깔때기, 스포이트 | 4. 증류 |

**확인+** 54~57쪽

| | |
|---|---|
| 1. 물 : ㉢ 소금물 : ㉡ | 2. (1) O (2) X (3) O |
| 3. ㄴ, ㄹ | 4. (1) 기화 (2) 액화 |

**1.** 답 물 : ㉢ 소금물 : ㉡
해설 물의 가열 곡선은 100℃에서 일정하게 온도가 유지된다(끓는점). 소금물의 가열 곡선은 기울기가 달라지지만 수평한 구간이 없고, 온도가 계속해서 올라간다.

**2.** 답 (1) O (2) X (3) O
해설 (2) 고체 혼합물을 분리할 때, 두 고체 물질을 모두 녹이지 않는 액체 물질을 사용해야 한다.

**3.** 답 ㄴ, ㄹ
해설 문제의 실험 장치는 분별 깔때기를 이용해 액체를 분리하는 것이다. 밀도가 다르고, 서로 잘 섞이지 않는 액체를 분리할 때 사용된다.

**4.** 답 (1) 기화 (2) 액화
해설 둥근바닥 플라스크에서는 아래의 가열 장치로 인해 기화가 일어나고, 리비히 냉각기에서는 찬물을 흘려주기 때문에 기화된 물질이 액화되어 다시 액체로 상태 변화 한다.

**생각해보기** 54~57쪽

★ 20 g 의 소금을 넣은 소금물이 더 먼저 끓는다. 소금을 많이 넣을수록 물이 기화되는 것을 방해하기 때문이다.

★★ 증류를 하면 끓는점이 낮은 성분이 먼저 끓어 나온다. 하지만 처음 끓어 나오는 끓는점이 낮은 성분에 나중에 끓어 나오는 성분이 조금 섞여 있다.

**개념 다지기** 58~59쪽

| | | |
|---|---|---|
| 01. ④ | 02. ④ | 03. ① |
| 04. ② | 05. ②, ⑤ | 06. ② |

**01.** 답 ④
해설 ④ 혼합물은 물질이 고르게 섞인 균일 혼합물, 물질이 고르게 섞이지 않은 불균일 혼합물로 나뉜다.
바른 풀이 ① 혼합물은 고르게 섞이지 않은 불균일 혼합물도 존재한다.
② 혼합물은 물리적인 방법으로 분리할 수 있지만 순물질은 물리적인 방법으로 분리할 수 없다.
③ 순물질은 녹는점, 끓는점, 밀도 등이 일정한 값을 가진다. 혼합물은 녹는점과 끓는점 밀도 등이 일정하지 않다.
⑤ 혼합물을 가열하면 수평한 구간이 나타나지 않고, 온도는 점점 올라간다.

**02.** 답 ④
해설 ④ 소금물은 소금과 물이 섞인 균일 혼합물이다.

**04.** 답 ②
해설 ② 소금물의 농도를 진하게 하여 밀도가 큰 신선한 달걀과 밀도가 작은 오래된 달걀의 중간 밀도로 만들어 주면 된다.

**05.** 답 ②, ⑤
바른 풀이 ① 밀도가 큰 물질(물)이 아래층에, 밀도가 작은 물질(식용유)이 위층에 분리된다.
③, ④ 주어진 자료로 질량을 비교할 수 없다.

**06.** 답 ②
바른 풀이 ② 냉각수는 B에서 A로 흘려보낸다. 위쪽에서 물을 넣어 아래로 흐르게 되면 냉각기에 물이 차지 않고 계속 흐르게 된다. 하지만 아래쪽에서 물을 넣으면 아래쪽부터 물이 채워져 물이 위쪽까지 꽉 찰 수 있게 된다.

**유형 익히기 & 하브루타** 60~63쪽

[유형18-1] ㉠ 01. ㉠ 물 ㉡ 혼합물 02. ㄱ, ㄹ
[유형18-2] ① 03. ㉢, ㉡, ㉠ 04. ⑤
[유형18-3] (1) 분별 깔때기 (2) ⑤
05. ㉠ 분별 깔때기 ㉡ 스포이트
06. (1) ㉠ 크기 (2) ㉡ 아래쪽 ㉢ 위쪽
[유형18-4] ㄴ, ㄷ 07. B 08. ⑤

**[유형18-1]** 답 ㉠
해설 혼합물의 가열 곡선에서는 수평한 구간이 나타나지 않는다. 일정 온도 이후에는 기울기는 조금 완만해지지만 온도는 계속해서 올라간다.

02. 답 ㄱ, ㄹ
해설 물과 철은 순물질이다. 공기는 산소, 질소 등의 여러 가지 기체들이 섞여있는 혼합물이다.

**[유형18-2]** 답 ①
해설 〈보기〉의 예는 모두 밀도 차이를 이용해 물질을 분리한 것이다.
ㄱ. 사금이 섞인 모래를 쟁반에 담아 흔들면 작은 모래는 쓸려가고, 밀도가 큰 사금만 남는다.
ㄴ. 키질을 하면 밀도가 작은 쭉정이는 날아가고, 밀도가 큰 곡물은 키 안쪽에 남는다.
ㄷ. 신선한 달걀은 소금물 위에 떠오르고, 오래된 달걀은 소금물 아래로 가라앉는다.

03. 답 ㉢, ㉡, ㉠
해설 밀도가 큰 모래는 물에 가라앉고 밀도가 작은 스타이로폼은 물 위에 뜬다.

04. 답 ⑤
해설 ⑤ 고체 혼합물을 밀도 차이로 분리할 때 사용되는 액체는 두 고체 물질의 중간 밀도여야 하고, 두 고체 물질을 녹이지 않아야 한다.

**[유형18-3]** 답 (1) 분별 깔때기 (2) ⑤
해설 (1) 실험 기구의 이름은 분별 깔때기로 서로 섞이지 않는 혼합 액체를 분리할 수 있다.
(2) 분별 깔때기는 서로 섞이지 않는 액체 혼합물을 분리하는 기구이다.
①, ④ 물과 간장, 물과 에탄올은 서로 잘 섞이기 때문에 층이 생기지 않아 분별 깔때기로 분리할 수 없다.
② 잘 익은 볍씨는 물 위에 뜨기 때문에 바로 분리할 수 있다.
③ 소금은 물에 녹기 때문에 분별 깔때기로 분리할 수 없다.

**[유형18-4]** 답 ㄴ, ㄷ
해설 ㄴ. 둥근바닥 플라스크에서는 끓는점이 낮은 물질이 먼저 기화한다.
ㄷ. 기화된 물질이 냉각기에서 액화시켜 끓는점이 낮은 물질을 분리할 수 있다.
바른 풀이 ㄱ. 실험 장치는 끓는점 차이를 이용한 것이다.

07. 답 B
해설 찬물은 아래쪽으로 들어가고 위쪽으로 나가야 한다. 찬물을 A 방향으로 넣게 되면 바로 B 방향으로 물이 흘러나오게 된다. 하지만 B 방향으로 넣으면 리비히 냉각기 안을 물로 가득 채우고 A 방향으로 넘쳐 흐르게 된다. 따라서 B 방향으로 물을 넣으면 차가운 물을 더 많이 오래 공급할 수 있어 냉각의 효과를 크게 할 수 있다.

08. 답 ⑤
해설 끓임쪽은 다공성 물질로 액체가 갑자기 끓어오르는 것을 방지하기 위해 넣어준다.
*다공성 물질 : 표면과 내부에 작은 구멍을 많이 가지고 있는 물질

## 창의력 & 토론마당 64~67쪽

**01**

수돗물인 냉각수에 부동액을 넣어 혼합물을 만들면 어는점이 물보다 더 낮아지기 때문이다.

해설 냉각수에 부동액을 넣으면 물의 어는점이 내려가므로 물이 어는 것을 방지할 수 있다. 이렇게 어는점이 낮아지는 현상을 어는점 내림이라고 한다. 아주 추운 겨울에 강물은 얼지만 바닷물은 얼지 않는 것도 어는점 내림 현상이다.

**02**

〈예시 답안〉 낟알과 흙의 밀도 차이를 이용해 물에 넣어 분리해 먹는다.

해설 원숭이들은 얕은 물 웅덩이에 흙과 함께 주운 낟알들을 떨어뜨린 후, 물 위에 뜬 낟알이 바닥에 가라앉기 전에 재빨리 다시 주워 먹는다.

**03**

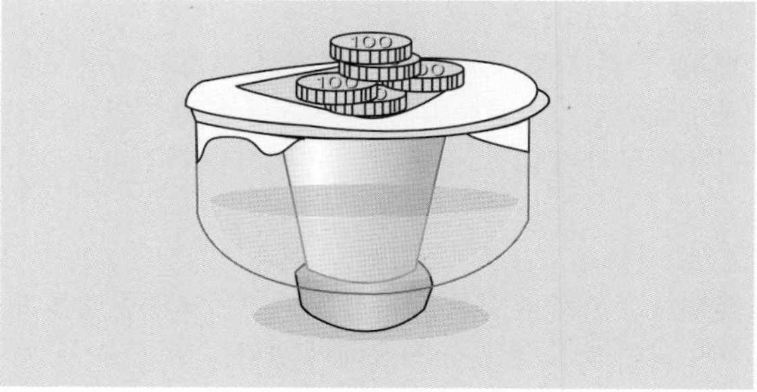

해설 사발에 바닷물을 담고 가운데에 빈 컵을 고정시킨 다음, 투명한 랩으로 뚜껑을 하여 고무줄로 고정시켜 사발을 씌우고 가운데 부분에 동전을 올려 놓는다. 랩은 투명하므로 햇빛이 사발 안을 비출 수 있고, 사발 안의 바닷물에서 순수한 물이 증발하여 뚜껑으로 씌운 랩에 도달하면 액화되어 물방울이 맺힌다. 랩 위에 올려진 동전에 의해 랩의 중앙이 깔때기처럼 가라앉아 있으므로 물방울은 랩을 타고 가운데로 모여지고, 컵 안으로 떨어져 물을 얻을 수 있다.

**04**

깨진 병은 (가)이다.
(나)는 (가)보다 소금의 비율이 높아 물의 어는점이 더 낮다. 따라서 온도가 내려가면 (가)는 얼지만 (나)는 얼지 않으므로 (가) 안 액체의 부피만 팽창한다.

해설 깨진 병은 (가)이다. (가)보다 (나)에 소금의 비율이 높아 물의 어는점이 더 낮기 때문이다. 용액에 용질이 많이 녹아 있을수록 용질의 입자 운동때문에 물이 얼기 어렵다.

**05**

뷰테인과 프로페인의 혼합 기체를 냉각하면 끓는점이 높은 뷰테인이 먼저 액체 상태로 분리된다.

해설 혼합 기체를 냉각시키면 끓는점이 높은 뷰테인이 먼저 액체로 변화하게 된다. 이때 액화된 뷰테인은 기체보다 밀도가 커서 가라앉고, 기체를 분리할 수 있게 된다. -20℃ 상태에서는 끓는점이 높은 뷰테인은 액체 상태가 되고 끓는점이 낮은 프로페인은 기체 상태로 존재할 것이다.

## 스스로 실력 높이기 68~71쪽

**01.** (1) 순 (2) 혼 (3) 혼
**02.** (1) O (2) X (3) X **03.** (가)
**04.** ㉠ 녹이지 않으면서 ㉡ 중간이어야
**05.** ㄴ, ㄷ **06.** (1) ㉠ (2) ㉣
**07.** C> B>A
**08.** ㉠ 분별 깔때기 ㉡ 작은 ㉢ 큰 **09.** ㄱ, ㄹ
**10.** (1) O (2) X (3) X **11.** ㉠ 기화 ㉡ 액화
**12.** ④ **13.** ② **14.** ⑤ **15.** ㄷ
**16.** ④ **17.** ④ **18.** ①, ④, ⑤
**19.** ② **20.** ③ **21.~ 22.** 〈해설 참조〉

01. 답 (1) 순 (2) 혼 (3) 혼
해설 (1) 순물질은 녹는점과 끓는점이 일정하고 가열 곡선에 수평한 구간이 나타난다.
(2) 혼합물은 끓는 동안 온도가 계속해서 올라가며, 어는 동안 온도가 계속해서 내려간다.
(3) 혼합물은 녹는점과 끓는점이 일정하지 않고, 가열 곡선에 수평한 구간이 없다.

02. 답 (1) O (2) X (3) X
바른 풀이 (2) 물과 식용유는 밀도의 차이를 이용해서 분리할 수 있다.
(3) 순물질은 한 가지 물질로만 이루어진 물질이다. 성질이 다른 두 가지 이상의 순물질이 섞여 있는 물질은 혼합물이라고 한다.

03. 답 (가)
해설 소금의 입자 운동이 물의 기화를 방해하기 때문에 소금이 많을수록 물이 끓기 어렵다. 따라서 소금을 가장 적게 넣은 (가)가 가장 먼저 끓고 (다)는 가장 나중에 끓는다.

05. 답 ㄴ, ㄷ
바른 풀이 ㄱ. 물과 에탄올은 서로 잘 섞이므로 끓는점의 차이를 이용한 증류를 통해 분리할 수 있다.

06. 답 (1) ㉠ (2) ㉣
해설 (1) 밀도 : 사금>모래 (2) 밀도 : 모래>톱밥
07. 답 C>B>A
해설 (가)에서 A만 물에 떠오른 것으로 보아 A의 밀도가 가장 작다. 여기에 소금을 넣어 물의 밀도를 크게 했을 때, B는 떠오르고 C는 여전히 가라앉아 있으므로 C의 밀도가 가장 크다.

09. 답 ㄱ, ㄹ
바른 풀이 ㄴ. 모래와 스타이로폼은 밀도 차이를 이용해 물에 띄어 분리할 수 있다.
ㄷ. 원심 분리기로 혈액을 분리하면 밀도 차이에 의해 무거운 혈구는 아래로 가라앉고 액체 성분인 혈장을 위에 뜨게 된다.

10. 답 (1) O (2) X (3) X
해설 (2) 가열 장치에서 기화가 일어나고, 기화된 액체가 다시 액화하여 액체를 얻을 수 있다.
(3) 분별 깔때기는 밀도 차이를 이용한 액체 분리를 할 때 이용된다. 증류 장치에는 둥근바닥 플라스크, 삼각 플라스크, 리비히냉각기, 온도계 등이 사용된다.

12. 답 ④
해설 ④ 소금물의 밀도를 크게 만들어 속이 빈 쭉정이와 속이 찬 볍씨의 중간 밀도로 만들어 준다.

13. 답 ②
해설 두 고체를 분리하기 위해서 사용하는 액체의 밀도는 두 고체 밀도의 사잇값을 갖는 것이 좋다.
ㄴ. 밀도가 3.8 g/mL 인 액체에 넣으면 밀도가 2.5 g/mL 인 A는 물질 위에 뜨게 되며 밀도가 4.2 g/mL 인 B는 액체에 가라앉게 되어 분리할 수 있다.
바른 풀이 ㄱ. 밀도가 1.8 g/mL 인 액체에 고체를 넣을 경우 A와 B 모두 가라앉게 된다.
ㄷ. 밀도가 5.7 g/mL 인 액체에 넣을 경우 두 고체 모두 액체 위에 뜨게 된다.

14. 답 ⑤
바른 풀이 ⑤ 실험 기구를 흔들어 주어도 두 액체는 골고루 섞이지 않는다.

15. 답 ㄷ
해설 ㄷ. 분별 깔때기는 서로 섞이지 않는 액체를 분리할 때 유용하다.
바른 풀이 ㄱ. 물과 에탄올은 매우 잘 섞이기 때문에 끓는점 차이를 이용해 분리해야 한다.
ㄴ. 톱밥과 모래는 모두 고체 물질로써 물에 넣어 밀도차를 이용해 분리할 수 있다.

16. 답 ④
해설 ④ 분별 깔때기는 서로 섞이지 않는 액체 혼합물을 분리할 때 사용한다.

17. 답 ④
해설 올리브유와 발사믹 식초는 밀도 차이로 인해 서로 섞이지 않는다. 적은 양의 액체를 분리할 때에는 스포이트를 이용해 쉽게 분리할 수 있다.

18. 답 ①, ④, ⑤
바른 풀이 ② 냉각기에서 물은 B로 들어가서 A로 나온다.
③ 둥근바닥 플라스크 안에는 혼합물이 있다.

19. 답 ②
해설 ② 증류 실험 장치로 잘 섞여 있지만 끓는점이 차이 나는 물질을 분리할 수 있다.
바른 풀이 ①, ③ 은 분별 깔때기나 스포이트로 분리할 수 있다.

20. 답 ③
해설 ③ 바닷물에서 식수를 구하는 것은 증류를 이용한 것이다. 바닷물에 태양빛을 쪼이면 바닷물 속에 들어 있는 염분은 그대로 남아 있고 물만 기화하여 수증기가 된다. 이 수증기가 지붕에서 액화되어 홈으로 모여 순수한 물을 얻을 수 있다.
바른 풀이 ① 증발에 의한 분리이고, ②, ④, ⑤는 밀도 차이에 의한 분리이다.

21. 답 원유를 가열하여 증류탑에 넣으면 끓는점이 낮은 물질이 먼저 기화되어 증류탑의 위쪽에서 분리되어 나온다.
해설 원유를 높은 온도로 가열하면, 기화된 원유의 성분 물질이 증류탑을 올라가면서 액화와 기화를 반복한다. 끓는점이 낮은 물질은 계속 위로 올라가고, 끓는점이 높은 물질은 아래쪽에서 액화되어 분리된다.

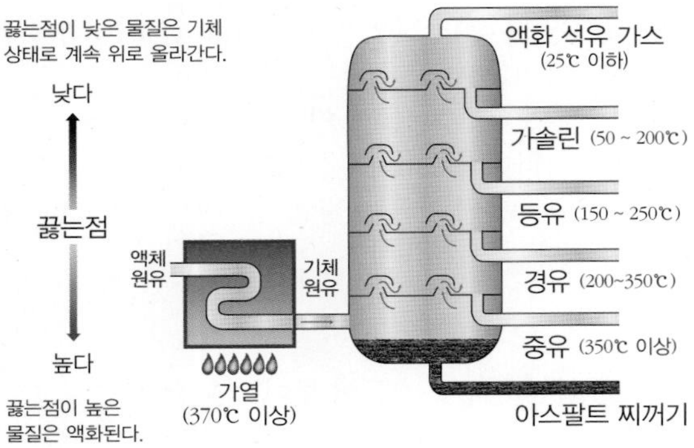


22. 답 소금물의 물이 얼음 결정으로 되는 것을 소금이 방해하기 때문이다.
해설 물에 소금이 녹아 있으면 소금 입자의 운동으로 인해 물이 얼음 결정으로 되는 것이 방해된다.

# 19강. 혼합물 분리 II

**개념확인** 72~75쪽

**1.** 거름 **2.** ② **3.** ① **4.** ⑤

**확인+** 72~75쪽

**1.** ③ **2.** ③, ⑤ **3.** (1) O (2) O (3) X **4.** ①

**1.** 답 ③
해설 거름과 추출은 용해도 차이에 의한 분류이다.

**2.** 답 ③, ⑤
해설 암모니아, 염화 수소, 이산화 질소 등은 물에 잘 녹지만, 공기, 질소, 산소, 이산화 탄소는 물에 잘 녹지 않는다.

**3.** 답 (1) O (2) O (3) X
바른 풀이 (3) 온도를 낮춰주는 속도에 따라 결정의 모양과 크기가 달라진다. 온도를 천천히 낮춰주면 크고 뚜렷한 결정이, 온도를 빠르게 낮춰주면 작고 뚜렷하지 않은 결정이 생성된다.

**4.** 답 ①
바른 풀이 ②, ③, ④, ⑤ 책상과 서랍, 재활용 쓰레기, 핸드폰 부품, 책꽂이의 책은 혼합물이 아니다.

**생각해보기** 72~75쪽

★ 중성 세제를 조금 묻혀 세탁하면 기름때가 잘 제거된다. 식초나 레몬즙을 기름때에 톡톡 두들기며 닦아내면 기름때가 제거된다. 기름때가 묻은 부분에 밀가루를 뿌린 뒤 신문지나 천을 덮고 다림질 해준다. 소금을 한 숟가락 넣어 세탁한다.

★★ 대기 중의 먼지, 이산화 황과 같은 오염 물질은 물에 잘 녹으므로 비가 내리면 씻겨 제거된다.

★★★ 분자가 일정하게 배열되는 성질이 있기 때문이다. 소금은 정육면체, 백반은 정팔면체, 황산구리는 찌그러진 육각 기둥 모양의 결정을 갖는다.

**개념 다지기** 76~77쪽

**01.** ② **02.** ④ **03.** ③
**04.** ④ **05.** ⑤ **06.** ④

**01.** 답 ②
해설 ② 거름 장치를 이용해 분리하기 적당한 것은 물에 녹는 소금과 물에 녹지 않고 걸러지는 모래의 혼합물이다.

**02.** 답 ④

바른 풀이 ④ 소금과 분필 가루의 분리는 용해도 차이를 이용한 거름에 의한 혼합물의 분리이다.
해설 ①, ②, ③, ⑤ 한약, 녹차 만들기, 원두로 커피 만들기, 고사리의 쓴맛 제거는 추출에 의한 혼합물의 분리이다.

**03.** 답 ③
해설 거름, 추출, 기체 혼합물의 분리, 재결정은 용해도 차에 의한 분리 방법이다.

**04.** 답 ④
바른 풀이 그림은 어떤 용매에 잘 녹는 기체와 잘 녹지 않는 기체가 섞여 있을 때 사용하는 장치이다. 암모니아, 염화 수소, 이산화 질소는 물에 잘 녹지만 공기, 질소, 산소, 이산화 탄소 등은 잘 녹지 않는다. ④ 산소와 이산화 탄소는 둘 다 물에 잘 녹지 않아 분리하기에 적합하지 않다.

**05.** 답 ⑤
해설 불순물이 포함된 소금을 높은 온도의 물에 녹였다가 걸러낸 뒤 건조시켜 재결정한다.
(가) 소금물을 거르는 모습이다.
(나) 재결정한 소금을 건조시키는 모습이다.
(다) 물에 소금을 녹이는 모습이다.
순서 : (다)－(가)－(나)

**06.** 답 ④
해설 [물, 에탄올, 소금 / 모래, 톱밥] 거름에 의한 분리, [물, 소금 / 에탄올] 끓는점 차에 의한 분리, [모래 / 톱밥] 밀도 차이에 의한 분리, [물 / 소금] 증발에 의한 분리

## 유형 익히기 & 하브루타 78~81쪽

| | | |
|---|---|---|
| **[유형19-1]** ②, ④ | **01.** 분필 가루 | **02.** ⑤ |
| **[유형19-2]** A : 공기 B : 암모니아 수 | | |
| **03.** 암모니아, 이산화 질소 | | **04.** ② |
| **[유형19-3]** ③ | **05.** ⑤ | **06.** ③ |
| **[유형19-4]** ①, ②, ③ | **07.** ③ | **08.** ⑤ |

**[유형19-1]** 답 ②, ④
해설 ② 거름종이의 틈은 모래보다 작아 물에 녹는 소금은 통과하지만, 물에 녹지 않는 모래는 통과하지 못한다.
④ 소금은 물에 녹지만 모래는 물에 녹지 않아 두 물질은 거름에 의해 분리할 수 있다.

01. 답 분필 가루
해설 소금은 물에 녹아 거름종이를 통과하지만, 분필 가루는 물에 녹지 않아 거름종이를 통과하지 못한다.

02. 답 ⑤
해설 한약, 녹차 만들기, 원두로 커피 만들기, 고사리의 쓴맛 제거는 추출에 의한 혼합물의 분리이지만, 우유에 핫초코 가루 녹이기는 용해이다.

**[유형19-2]** 답 A : 공기 B : 암모니아수
해설 기체인 공기는 A로, 물과 섞인 암모니아는 암모니아수가 되어 B로 배출된다.

03. 답 암모니아, 이산화 질소
해설 암모니아, 이산화 질소는 물에 잘 녹지만 공기, 질소, 산소, 이산화 탄소는 물에 잘 녹지 않는다.

04. 답 ②
해설 주어진 장치는 기체 혼합물의 분리 장치로, 어떤 용매에 잘 녹는 기체와 잘 녹지 않는 기체가 섞여 있을 때, 이 혼합 기체를 용매에 통과시켜 한 기체만 녹여 분리하는 것으로 용해도의 특성을 이용한 분리 방법이다.

**[유형19-3]** 답 ③
해설 거름종이에 걸러낸 용액을 천천히 냉각시키면 정육면체 모양의 결정이 생긴다.

05. 답 ⑤
해설 재결정은 불순물이 포함된 물질을 높은 온도의 용매에 녹였다가 냉각시켜 석출되는 순수한 결정을 얻는 방법이다.
06. 답 ③
해설 재결정은 불순물이 섞인 물질로부터 순수한 결정을 얻는 방법이다.

**[유형19-4]** 답 ①, ②, ③
해설 ① 콩과 쌀의 알갱이는 크지만 철가루와 소금의 알갱이는 작다.
② 소금은 물에 녹지만 콩, 쌀, 철가루는 물에 녹지 않는다.
③ 철가루는 자석에 달라붙는다.

07. 답 ③
바른 풀이 ③ 책꽂이의 책은 혼합물이 아니다.
해설 ① 콩에서 콩기름 분리하는 것은 추출이다.
② 사탕수수에서 설탕 분리하는 것은 밀도 차이에 의한 분리이다.
④ 드라이클리닝으로 기름때 제거하는 것은 추출이다.
⑤ 정수 과정을 통해 맑은 물을 얻는 것은 거름이다.

08. 답 ⑤
해설 ⑤ 물, 에탄올, 소금은 물에 녹지만 모래, 톱밥은 물에 녹지 않는 특성을 이용한 분리 방법이다.

## 창의력 & 토론마당 82~85쪽

**01** 바닷물을 끓여 증발한 수증기를 액화시키면 소금기가 제거된 식수를 얻을 수 있다.

해설 바닷물(소금물)을 끓이면 물은 수증기가 되어 증발하고 소금만 남는다. 증발된 수증기가 차가운 물체에 닿으면 다시 물방울로 변하는데(수증기의 응결), 이 물은 소금기가 제거된 물이므로 식수로 먹을 수 있다.

**02** 〈예시 답안1〉 달팽이 점액은 물에 녹지 않는다.
〈예시 답안2〉 달팽이 점액은 물에 끓여도 성질이 변하지 않는다.

해설 달팽이 점액을 물에 씻어 걸러내는 것으로부터 점액이 물에 녹지 않으며 거름 장치보다 큰 입자를 가지는 것을 알 수 있다. 달팽이 점액을 물에 넣고 끓인 뒤 추출해 사용하는 것으로부터 점액은 물에 끓여도 그 성질이 변하지 않는다는 사실을 알 수 있다.

**03** 1. 맷돌로 잘게 간 콩을 헝겊에 넣고 주무르는 것은 추출에 의한 분리 방법이다.
2. 엉겨붙은 두부를 헝겊에 거르는 것은 거름에 의한 분리 방법이다.

해설 1. 헝겊에 콩물을 넣고 주무르면 갈린 콩으로부터 콩물이 분리되어 헝겊 사이의 미세한 구멍으로 빠져나오는데, 이는 필요없는 콩 찌꺼기를 제거한 콩물을 얻는 방법이다.
2. 끓인 콩물에 간수를 넣으면 콩의 단백질이 엉겨붙어 덩어리가 생긴다. 만들어진 덩어리는 헝겊에 걸러 물을 제거시키는 거름에 의한 분리 방법이다.

**04** 후추를 걸러낸다. → 분별 깔때기로 참기름을 분리한다. → 소금물을 증발시켜 소금을 얻는다.

해설 후추는 건조한 고체 가루이므로 다른 물질과 잘 섞이지 않아 걸러낼 수 있다. (거름에 의한 분리)
참기름은 물보다 밀도가 가벼워 물 위에 뜨며, 분별 깔대기로 분리할 수 있다. (밀도 차이에 의한 분리)
소금물을 증발시키면 소금은 남고 물은 기화한다. (증발에 의한 분리)

**05** 단풍나무 수액 안의 물을 끓이거나 건조시키면 더 진한 농도의 수액를 얻을 수 있다.

해설 단풍나무 수액 안의 물을 끓이거나 건조시키면 상대적으로 설탕의 비율이 증가하고 농도가 진해진다.

## 스스로 실력 높이기 86~89쪽

**01.** 용해도 **02.** (1) O (2) X (3) O
**03.** 거름 **04.** ㄴ **05.** (1) O (2) X (3) O
**06.** 추출 **07.** 재결정
**08.** ㉠ 에탄올 ㉡ 물 ㉢ 모래 ㉣ 톱밥
**09.** ④ **10.** ③ **11.** ③ **12.** ④
**13.** ② **14.** ① **15.** ② **16.** ⑤
**17.** ②, ⑤ **18.** ② **19.** ⑤
**20.** (1) 추출 (2) 거름
**21.** 추출, 끓는점 이용 **22.** 〈해설 참조〉

02. 답 (1) O (2) X (3) O
바른 풀이 (2) 높은 온도의 용매에 천일염을 녹였다가 냉각시키면 순수한 소금 결정이 나온다.

04. 답 ㄴ
해설 물의 끓는점은 100℃, 에탄올의 끓는점은 78℃로 끓는점의 차이에 의해 분리가 가능하다.

05. 답 (1) O (2) X (3) O
바른 풀이 (2) 암모니아, 염화 수소, 이산화 질소 등은 물에 잘 녹지만, 공기, 질소, 산소, 이산화 탄소는 물에 잘 녹지 않는다.

06. 답 추출
해설 〈보기〉는 특정한 성분만 녹아나오는 추출에 의한 분리 방법이다.

09. 답 ④
바른 풀이 ④ (다)는 모래는 물에 가라앉지만 톱밥은 물 위에 뜨는 밀도 차이를 이용한 분리 방법이다. 질량은 물질의 특성이 될 수 없기 때문에 분리 방법이 아니다.

10. 답 ③
해설 물에 녹는 물질과 물에 녹지 않는 물질의 혼합물은 거름 장치를 이용한다. 식용유, 에탄올, 소금은 물에 녹지만 모래, 톱밥은 물에 녹지 않는다.

11. 답 ③
해설 재결정은 불순물이 섞인 물질로부터 순수한 결정을 얻는 방법이다.

12. 답 ④
해설 암모니아, 염화 수소, 이산화 질소 등은 물에 잘 녹지만, 공기, 질소, 산소, 이산화 탄소는 물에 잘 녹지 않는다.

13. 답 ②
해설 소금의 결정은 정육면체 모양이다.

14. 답 ①
해설 기체 혼합물은 물에 잘 녹는 기체와 물에 잘 녹지 않는 기체의 용해도 차를 이용한 분리 방법이다. 산소와 질소 기체는 물에 잘 녹지 않아 분리하기에 적합하지 않다.

15. 답 ②
해설 옷에 묻은 기름때는 중성 세제를 이용해 기름때 만을 뽑아내는 추출을 이용한 제거 방법이다.

16. 답 ⑤
해설 ㄱ, ㄷ. 그림은 소금과 분필 가루의 용해도차에 의한 거름 방법이다. 소금은 물에 녹아 거름종이를 통과하지만, 분필 가루는 물에 녹지 않아 거름종이를 통과하지 못한다.

17. 답 ②, ⑤
해설 실험은 물에 녹는 물질과 물에 녹지 않는 물질이 혼합된 에탄올과 톱밥, 모래와 소금의 분리에 적당하다.

18. 답 ②
해설 소금과 분필 가루의 분리는 물에 잘 녹는 물질과 물에 잘 녹지 않는 물질의 용해도 차이에 의한 분리 방법이다.

19. 답 ⑤
해설 추출과 기체 혼합물의 분리는 용해도 차에 의한 분리이다.
· 원두커피를 내린다. - 추출
· 콩에서 콩기름을 분리한다. - 추출
· 비가 내린 후 공기가 깨끗해진다. - 기체 혼합물의 분리

20. 답 (1) 추출 (2) 거름
해설 (1) 물에 담가두는 것은 사탕수수의 특정 성분만을 추출시키는 것이다.
(2) 추출된 혼합 용액을 냉각시켜 생성된 사탕수수를 거름 장치에 거르면 불순물은 빠져나가고 설탕만 남게 된다.

21. 답 추출, 끓는점 이용
해설 추출을 이용하여 콩을 잘게 으깬 후 헥세인에 담그면 콩의 지방 성분이 녹아 나온다. 끓는점을 이용하면 혼합물을 거른 후 거른 용액을 가열하면 끓는점이 낮은 헥세인은 증발하고, 콩의 지방 성분이 분리된다.

22. 답 ① 물을 넣어 섞은 후 스포이트로 참기름을 분리한다.
② 거름장치로 후추를 걸러낸다.
③ 소금물을 증발시켜 소금을 얻는다.
해설 물을 넣으면 물과 기름층이 분리되고, 소금이 물에 녹으며, 후추가 가라앉는다. 밀도가 낮은 참기름은 스포이트를 이용해 분리하고, 후추는 거름장치에 걸러낸다. 남아 있는 소금물은 물을 증발시켜 소금을 얻을 수 있다.

# 20강. Project 6

## 서술 90~91쪽

**Q1**

〈예시 답안〉

1. 한약재를 물과 함께 끓이면 한약 성분이 물에 녹아 나온다.
2. 고사리를 삶아서 찬물에 담가 두면 쓴맛을 내는 성분이 녹아 나온다.

**Q2**

〈예시 답안〉

1. 단백질이 많이 들어 있으므로 비타민을 첨가해준다.
2. 키가 크는데 도움을 줄 수 있는 물질을 첨가한다. 등

## 탐구-1 92~93쪽

1. 가만히 놓아 두면 위쪽에 기름막이 생기므로 불균일 혼합물이다.
2. 색소를 넣는다. 파프리카 등 색이 있는 채소의 즙을 짜서 넣는다. 물감을 넣는다. 등

## 탐구-2 94~95쪽

1. 올라가면서, 혼합물
2. 유성싸인펜은 물에 잘 녹지 않아 물을 따라 올라갈 수 없어 분리가 되지 않는다.
3. (1) 3개
(2) C > B > A
(3) C

2. 해설 유성싸인펜은 물에 잘 녹지 않으므로 유성싸인펜의 색소를 분리하고 싶다면 물 대신 유성싸인펜을 잘 녹이는 알코올이나 아세톤을 이용한다.

# VII 물질의 결합과 변화

## 21강. 화학 변화 I

**개념확인** 98~101쪽

**1.** 물리 **2.** 화학 **3.** (1) ㄱ, ㄷ (2) ㄴ, ㄹ **4.** ④

**3.** 답 (1) ㄱ, ㄷ (2) ㄴ, ㄹ
해설 화합은 두 가지 물질이 만나 새로운 하나의 화합물을 생성하는 것이고, 치환은 화합물의 구성 성분 물질 중의 일부가 다른 물질과 자리 바꿈하는 반응하다. 철과 황이 황화 철을(ㄱ), 염소와 나트륨이 염화 나트륨을 생성(ㄷ)하므로 화합 반응이다. 질산 은에 구리 선을 담가 두면 은 이온과 구리가 자리 바꿈하여 은과 구리 이온이 되고(ㄴ), 아이오딘화 칼륨 수용액과 질산 납 수용액이 섞이면 아이오딘화 납의 앙금이 생성되므로(ㄹ) 치환 반응이다.

**4.** 답 ④
해설 ㄱ. 물이 수소와 산소로, ㄷ. 탄산 수소 나트륨이 탄산 나트륨과 이산화 탄소, 물로 나눠므로 분해 반응이다.
ㄴ. 철과 황이 만나 황화 철이 생성되므로 화합 반응이다.

**확인+** 98~101쪽

**1.** ④ **2.** ② **3.** ① ㄱ ② ㄴ **4.** 산소

**1.** 답 ④
해설 ㄱ, ㄴ, ㄷ. 물이 끓고, 아이스크림이 녹는 것은 상태 변화로 물질의 성질이 변하지 않고, 유리가 깨지는 것은 모양이 변하는 것으로 성질은 변하지 않으므로 모두 물리 변화이다.
바른 풀이 ㄹ. 성냥에 불을 붙이면 성냥이 사라지고 새로운 물질이 생성되므로 물리 변화가 아니다.

**2.** 답 ②
바른 풀이 ②아이스크림이 녹는 것은 고체에서 액체로 상태만 변화하므로 물리 변화이다.

**3.** 답 ① ㄱ ② ㄴ
해설 화합과 치환은 화학 변화의 일종으로 원래 물질과 성질이 전혀 다른 새로운 물질이 생성된다.

**4.** 답 산소
해설 과산화 수소를 촉매 분해하면 물과 산소 기체가 생성되고, 물을 전기 분해하면 수소와 산소 기체가 발생한다.

**생각해보기** 98~101쪽

★ 황산 구리가 물에 녹는 것도 녹았던 물질이 다시 결정으로 석출되는 것도 모두 물질의 성질이 변하지 않으므로 물리 변화이다.

★★ 가능하다. 철이 양이온이 되어 산화 철을 생성하는데, 철 이온이 반응을 통해 전자를 다시 얻으면 금속 철로 변화한다.

★★★ 수소 기체와 산소 기체를 같은 용기에 넣은 후 전기 충격을 주면 물이 생성된다.

**개념 다지기** 102~103쪽

| | | | |
|---|---|---|---|
| **01.** ③ | **02.** ③ | **03.** ② | **04.** ④ |
| **05.** ② | **06.** ③ | **07.** ②, ⑤ | |

**01.** 답 ③
해설 물질의 성질이 변하지 않고 물질의 모양이나 상태만 변하는 변화는 물리 변화이고, 물질의 성질이 변하여 전혀 다른 새로운 성질의 물질로 변하는 변화는 화학 변화이다.

**02.** 답 ③
해설 ㄱ. 유리컵이 깨지는 것은 모양 변화로 성질은 변하지 않는다. - 물리 변화
ㄹ. 설탕을 물에 녹여 설탕물을 만들면 설탕이 눈에 보이지 않을뿐 성질은 변화되지 않는다. - 물리 변화
바른 풀이 ㄴ. 배추 김치가 익고, 새로운 맛(신맛)이 나므로 새로운 물질이 생성되었다. - 화학 변화
ㄷ. 녹(산화 철)이라는 새로운 물질이 생성되었다. - 화학 변화

**03.** 답 ②
바른 풀이 ② 물질의 크기가 작아지는 것은 모양의 변화로 물리 변화의 특징이기도 하다.

**04.** 답 ④
해설 ㄱ, ㄴ 모두 두 가지 물질이 반응하여 하나의 물질을 생성하므로 화합이다.

**05.** 답 ②
해설 A에서 단순히 물질을 섞는 것은 물리 변화, B에서 가열 과정을 통해 새로운 화합물이 생성되는 과정은 화학 변화이다.

**06.** 답 ③
바른 풀이 ③ 황화 철이 생성되는 과정은 화합이다.
해설 ①, ④ (가)는 황과 철이 각각의 성질을 그대로 가지고 섞여 있는 혼합물이다. ②, ⑤ (나)의 황화 철은 철 또는 황과는 전혀 다른 새로운 성질을 가진 화합물이다.

**07.** 답 ②, ⑤
바른 풀이 ①, ③ 두 가지 이상의 물질이 결합하여 새로운

물질이 생성하는 반응이므로 화합이다.
④ 화합물을 구성하는 성분 물질이 자리 바꿈하여 반응하므로 치환이다.

## 유형 익히기 & 하브루타 104~107쪽

[유형21-1] ⑤
01. (1) O (2) X (3) O 02. ④
[유형21-2] ⑤ 03. ③ 04. ⑤
[유형21-3] 흰색 고체 물질 : 염화 나트륨(소금)
반응의 종류 : 화합
05. 황화 철 06. ④
[유형21-4] ⑤ 07. 수소, 산소 08. 열

**[유형21-1]** 답 ⑤
해설 황산 구리가 물에 녹는 것은 황산 이온과 구리 이온이 물 사이로 고르게 섞여 들어 가는 것으로 물질의 성질은 변하지 않으므로 물리 변화이다.
ㄴ. 얼음이 녹아서 물이 되는 것은 상태 변화로 물리 변화이다.
ㄷ. 드라이아이스의 크기가 작아지는 것은 승화 현상으로 물리 변화이다.
바른 풀이 ㄱ. 철로 만든 칼이 녹스는 것은 화학 변화이다.

01. 답 (1) O (2) X (3) O
바른 풀이 (2) 단풍이 들면 새로운 물질이 만들어지면서 색이 변하므로 화학 변화이다.

02. 답 ④
해설 ④ 과일이 썩어서 냄새가 나는 것은 화학 변화이다.
①, ②, ③, ⑤ 모두 물질의 성질이 아닌 상태가 변하므로 물리 변화이다.

**[유형21-2]** 답 ⑤
해설 화학 변화가 일어나면 원래와 다른 새로운 물질이 생성된다. ㄱ. 과일이 부패되어 검은색의 새로운 물질이 생성된다.
ㄴ. 김치가 익으면 신맛이 나는 새로운 물질이 생성된다.
ㄷ. 나무에 불이 붙으면 재라는 새로운 물질이 생성된다.

03. 답 ③
바른 풀이 ③ 물질의 상태가 변하는 것은 물리 변화이다.

04. 답 ⑤
해설 ㄱ, ㄴ, ㄷ. 놀이터의 그네에 녹이 슬거나, 고기가 익는 것(단백질 변성), 연소 반응은 모두 새로운 물질이 생성되면서 원래 물질의 성질이 변하는 화학 반응이다.

**[유형21-3]** 답 · 흰색 고체 물질 : 염화 나트륨
· 반응의 종류 : 화합
해설 염소와 나트륨이 만나면 화합 반응이 일어나 새로운 물질인 염화 나트륨(소금)을 생성한다.

05. 답 황화 철
해설 황과 철을 섞어 가열하면 화합 반응이 일어나 황화 철이 생성된다.

06. 답 ④
바른 풀이 ④ 질산 은 수용액에 금속 구리를 넣어 두면 은 이온과 구리가 자리 바꿈하여 구리 이온과 금속 은이 생성되는 치환 반응이 일어난다. 따라서 수용액에는 구리 이온과 질산 이온이 존재하게 된다.
해설 ① 구리 이온은 물에서 푸른색을 띤다. 치환 반응으로 인해 수용액에 구리 이온이 존재하므로 용액의 색이 점점 푸르게 변한다.
② 구리선 표면에 은이 생성되므로 가루 물질이 생성된다.

**[유형21-4]** 답 ⑤
바른 풀이 ⑤ 석회수를 뿌옇게 흐리게 하는 것은 이산화 탄소이다.
해설 ①, ②, ③, ④ 과산화 수소는 이산화 망가니즈를 촉매로 분해 반응이 일어나 물과 산소가 생성된다. 산소는 물에 잘 녹지 않으므로 물을 지나 집기병에 모인다.

07. 답 수소, 산소
해설 물을 전기 분해하면 수소와 산소 기체가 발생한다.

08. 답 열
해설 분해 반응은 열 분해, 촉매 분해, 전기 분해가 있는데 가열을 하였으므로 열 분해 반응이다.

## 창의력 키우기 108~111쪽

**01**
A 물리 변화
이유 : 고체에서 액체로 상태만 변화하므로 물리 변화이다.
B 화학 변화
이유 : 물질이 탄 것은 설탕과 성질이 다른 새로운 물질이 생성된 것으로 화학 변화이다.
C 화학 변화
이유 : 기체가 생성되므로 화학 반응이다.

해설 물질의 성질은 변하지 않고 모양이 변하거나 상태만 변화하면 물리 변화이고, 기체가 생성되거나 색이 변하거나 새로운 냄새가 나면서 원래 물질과 전혀 다른 성질의 물질이 생성되면 화학 변화이다. A는 설탕이 가열되어 고체에서 액체로 융해되어 상태만 변화하므로 물리 변화이다. B에서 설탕이 타서 검게 변하면서 새로운 물질이 생성되므로 화학 변화이다. C에서 베이킹 소다를 넣어 가열하면 새로운 기체가 발생하므로 화학 변화이다.

**02**

〈예시 답안 〉
온도에 따른 기체의 용해도 확인
과산화 수소를 시험관 2개에 같은 양을 담고, 시험관 하나는 찬물에 하나는 따뜻한 물에 담그고 발생하는 기체의 양이 다른지 확인한다.

해설 기체의 용해도는 온도에 따라 달라지므로 온도가 다른 물에 과산화 수소를 넣어 기체가 온도에 따라 다르게 발생하는지 확인해 본다. 온도에 따라 발생하는 기체의 양이 달라지면 상처에서 나온 거품은 과산화 수소에 녹아 있던 것이고, 온도에 따라 발생하는 기체의 양에 차이가 없다면 거품은 과산화 수소의 분해 반응에 의해 생성된 것이라 할 수 있다.

**03**

〈예시 답안〉
1. 물에 담가 둔다.
2. 랩으로 싼다.
3. 냉장고에 넣어 둔다. 등

해설 공기와의 접촉으로 산화가 일어나 사과의 갈변 현상이 일어나는 것이므로 물에 담가두거나, 랩, 비닐 봉지 등에 담아 공기를 차단한다. 사과의 갈변은 효소의 작용이므로 효소가 잘 작용하는 30℃ 내외의 온도보다 낮게 보관해서 효소의 작용을 억제시킨다.

**04**

〈예시 답안〉
1. 밀가루의 색이 변한다.
2. 기체가 발생한다.
3. 새로운 냄새가 난다.
4. 크기가 커진다.
5. 맛이 달라진다. 등

해설 밀가루와 빵을 비교하여 색, 냄새, 기체 발생 등 차이점을 찾아 본다. 밀가루 반죽을 가열하여 빵이 되면 녹말이 포화되어 크기가 커지고, 촉감이 부드럽게 변하면서 고소한 냄새가 난다. 빵의 안쪽에 생긴 구멍으로 보아 기체가 발생한다. 등

**05**

(1) 화학 변화이다.
(2) 알코올이 연소되면서 생성된 이산화 탄소와 수증기로 인해 로켓 내부의 압력이 증가하기 때문이다.

해설 (1) 알코올이 산소와 반응하여 이산화 탄소와 물이라는 새로운 물질이 생성되므로 화학 반응이다.
(2) 알코올이 연소되면 이산화 탄소 기체와 수증기가 생성된다. 알코올의 연소로 발생한 기체는 온도가 높아 분자 운동이 매우 활발하므로 로켓 내부의 압력이 매우 높아진다. 이 때문에 기체가 로켓의 뒷부분으로 폭발하듯이 빠져나가면서 그 반작용으로 로켓이 앞으로 나아가게 된다.

## 스스로 실력 높이기 112~115쪽

01. 물리 02. (1) X (2) O (3) X
03. · 물리 변화 : ㄴ, ㄷ · 화학 변화 : ㄱ, ㄹ
04. (1) 결합 (2) 자리 바꿈 (3) 분해
05. 화합 06. 붙지 않는다 07. 은
08. 이산화 탄소 09. 촉매 10. ⑤
11. ①, ③ 12. ⑤ 13. ③ 14. ①, ②
15. 황화 철 16. ① 17. ② 18. ③
19. ④ 20. ⑤ 21.~22. 〈해설 참조〉

01. 답 물리
해설 물질이 성질 변화없이 모양이나 상태만 변화하는 것을 물리 변화라 한다.

02. 답 (1) X (2) O (4) X
바른 풀이 (1) 물리 변화가 일어나면 물질의 모양이나 상태는 변하지만 성질은 변하지 않는다.
(3) 물이 끓어 기포가 생기는 것은 상태 변화로 물리 변화이다.

03. 답 · 물리 변화 : ㄴ, ㄷ · 화학 변화 : ㄱ, ㄹ
해설 새로운 냄새가 나거나 색 등이 변화되면서 물질의 성질이 변하면 화학 변화, 물질의 모양이나 상태만 변하면 물리 변화이다.

05. 답 화합
해설 두 가지의 물질이 만나 하나의 새로운 물질을 생성하므로 화합이다.

06. 답 붙지 않는다
해설 황화 철은 황이나 철과는 다른 화합물로 철의 성질을 가지지 않아 자석에 붙지 않는다.

07. 답 은
해설 질산 은 수용액에 금속 구리를 넣으면 은 이온과 구리가 자리 바꿈하여 구리 이온(질산 구리 수용액)과 금속 은이 된다. 흰색 물질은 석출된 은이다.

08. 답 이산화 탄소
해설 석회수는 이산화 탄소와 반응하여 뿌옇게 흐려지므로 석회수를 이용하면 생성된 이산화 탄소 기체를 확인할 수 있다.

09. 답 촉매
해설 화학 반응에서 자신은 변하지 않으면서 다른 물질들의 반응을 빠르게 또는 느리게 조절해 주는 물질을 촉매라 한다.

10. 답 ⑤
해설 ㄴ. 탄산 수소 나트륨을 가열하면 이산화 탄소 기체가 발생한다.
ㄷ. 과산화 수소에 이산화 망가니즈를 넣어 주면 산소 기체

가 발생한다.
바른 풀이 ㄱ. 황산 구리를 가열하면 색이 하얗게 변하지만 기체는 발생하지 않는다.

11. 답 ①, ③
해설 ①, ③ 상태 변화나 용해 현상은 물질의 성질이 변하지 않으므로 물리 변화이다.

12. 답 ⑤
해설 ①, ②, ③, ④는 화학 변화이고, ⑤는 상태 변화로 물리 변화이다.

13. 답 ③
바른 풀이 ③ 물질의 성질이 변하지 않는 것은 물리 변화이다. 책상 위의 드라이 아이스가 작아지는 것은 승화 현상으로 물리 변화이다.

14. 답 ①, ②
해설 ①, ② 분해 반응과 새로운 물질이 생성되는 연소 반응은 화학 변화이다.
바른 풀이 ③, ④, ⑤는 성질이 변하지 않은 물리 변화이다.

15. 답 황화 철
해설 황과 철을 섞은 후 가열하면 화합하여 황화 철이 생성된다.

16. 답 ①
해설 ① 화합, ② 용해, ③ 분해, ④ 치환, ⑤ 치환 반응이다.

17. 답 ②
바른 풀이 ② 구리는 구리 원소 한 가지로만 이루어져 있다.
해설 ① 물 → 수소 + 산소
③ 산화 은 → 산소 + 은
④ 염화 나트륨 → 염소 + 나트륨
⑤ 이산화 탄소 → 산소 + 탄소

18. 답 ③
해설 과산화 수소를 촉매 분해하면 물과 산소가 생성된다. 물은 수조 속의 물과 섞이므로 집기병에 모이는 것은 산소 기체이다.

19. 답 ④
해설 물은 전기 분해하면 수소와 산소로 분해된다.

20. 답 ⑤
해설 탄산 수소 나트륨을 가열하면 이산화 탄소 기체가 발생한다.

21. 답 맛을 본다. 냉각시켜 다시 흰색의 고체 설탕이 되는지 확인한다.
해설 물리 변화는 성질의 변화가 없으므로 물질의 변화 전후에 색이나 맛 등이 변하는지 확인한다.

22. 답 베이킹 파우더 안의 탄산 수소 나트륨이 열분해되어 이산화 탄소 기체가 발생하기 때문이다.
해설 탄산 수소 나트륨에 열을 가하면 이산화 탄소 기체가 발생한다. 밀가루가 익는 과정에서 발생한 이산화 탄소 기체가 빵 속에서 부피가 증가하면서 빵의 부피가 늘어난다.

# 22강. 화학 변화 II

## 개념확인 116~119쪽

**1.** 질량 보존 법칙 **2.** (1) 12 (2) 32
**3.** 일정 성분비 법칙 **4.** 6

## 확인+ 116~119쪽

**1.** 원자 **2.** (1) ㉠ 닫힌 (2) ㉡ 일정 ㉢ 증가
**3.** 1개 **4.** 아이오딘화 이온

**3.** 답 1개
해설 화합물 $XY_2$는 X 모형 1개와 Y 모형 2개로 이루어진 화합물이다. 주어진 조건에서 Y 모형이 2개 이므로 화합물 $XY_2$를 1개 만들 수 있다.

**4.** 답 아이오딘화 이온
해설 앙금은 아이오딘화 이온과 납 이온이 반응해 생성된 아이오딘화 납이다. 납 이온을 계속 넣어도 반응할 수 있는 아이오딘화 이온이 없기 때문에 앙금은 더 이상 생성되지 않는다.

## 생각해보기 116~119쪽

★ 조건이 일정하다면 밥을 먹기 전과 후의 몸무게는 일정하다. 하지만 우리 몸에서는 음식물을 에너지로 전환하는 화학 반응이 일어나서 몸무게가 줄어들 수도, 늘어날 수도 있다.

★★ 나무의 연소 결과로 생성된 이산화 탄소 기체가 공기 중으로 빠져나가기 때문에 열린 공간에서 나무를 연소하게 되면 전체 질량이 줄어든다.

★★★ 자전거에 남자 2명, 여자 1명만 탈 수 있으므로 10대의 자전거가 필요하다.

★★★★ 소금물에서는 소금의 양에 따라 소금물의 농도가 달라지게 된다. 물 100 g 에 소금 1 g 을 넣어도 소금물이 되며 10 g 을 넣어도 소금물이 된다. 따라서 일정한 질량비가 성립하지 않으므로 물리 반응에서는 일정 성분비가 성립하지 않는다.

## 개념 다지기 120~121쪽

**01.** ③ **02.** ④ **03.** ②, ③
**04.** ⑤ **05.** ④ **06.** ④

**01.** 답 ③
바른 풀이 ③ 질량 보존 법칙은 물리 변화와 화학 변화 모두 성립하며, 앙금을 생성하는 반응을 할 때에도 성립한다.

**02.** 답 ④

바른 풀이 ④ 질량 보존 법칙에 의해 앙금이 생성되어도 질량은 일정하다.

**03.** 답 ②, ③

바른 풀이 ① 강철솜의 연소는 화학 변화이다.

④ 열린 공간에서 강철솜을 연소하면 대기 중의 산소와 결합하여 산화 철을 생성하며, 결합한 산소의 질량만큼 질량이 증가한다.

⑤ 강철솜은 연소 반응으로 산화 철로 변하는 화학 반응을 한다.

**04.** 답 ⑤

해설 ⑤ 일정 성분비 법칙은 화학 변화에서만 일어난다.

바른 풀이 ①, ②, ③, ④는 모두 물리 변화이므로 일정 성분비 법칙이 성립하지 않는다.

**05.** 답 ④

해설 볼트(B)와 너트(N)의 개수비는 1 : 1 이며, 질량비는 B : N = 6 g : 3 g = 2 : 1 이다.

**06.** 답 ④

해설 ④ 아이오딘화 칼륨 수용액과 질산 납 수용액이 완전히 반응할 때에는 같은 부피비로 반응한다. 따라서 10 mL의 아이오딘화 칼륨 수용액을 완전히 반응시키려면 질산 납 수용액 10 mL 가 필요하다.

**유형 익히기 & 하브루타** 122~125쪽

| | | | |
|---|---|---|---|
| [유형22-1] ㄱ, ㄴ, ㄷ | 01. ④ | 02. 11 | |
| [유형22-2] B | 03. (1) O (2) X (3) O | 04. ④ | |
| [유형22-3] 10 | 05. 8 | 06. ① | |
| [유형22-4] ㄱ, ㄷ | 07. (나) | 08. 20 | |

**[유형22-1]** 답 ㄱ, ㄴ, ㄷ

해설 질량 보존 법칙은 물리 변화와 화학 변화에서 모두 성립한다. ㄱ은 화학 변화, ㄴ은 물리 변화, ㄷ은 화학 변화이다.

01. 답 ④

해설 ④ 혼합물이나 화합물을 만들 때 모두 성립한다.

바른 풀이 ①, ② 질량 보존 법칙은 화학 변화와 물리 변화 모두에서 성립한다.

③ 기체가 생성하는 반응이나 연소 반응, 앙금 생성 반응에서도 질량은 보존된다.

⑤ 반응 물질의 총 질량은 생성 물질의 총 질량과 같다.

02. 답 11

해설 질량 보존 법칙에 의해 반응 전후 질량이 일정하므로 철 7 g 과 황 4 g 이 완전히 반응하여 생성된 황화 철은 두 물질의 더한 값인 11 g 이다.

**[유형22-2]** 답 B

해설 열린 공간에서 강철솜이 연소하게 될 때, 공기 중의 산소와 반응을 하여 산화 철이 된다. 결합한 산소의 질량만큼 질량이 증가해 B가 더 무겁다. 따라서 B쪽이 아래로 기울어진다.

03. 답 (1) O (2) X (3) O

바른 풀이 (2) 밀폐된 공간에서 강철솜은 밀폐된 공간 안에 있던 산소와 반응을 하고, 용기 전체 질량은 일정하게 유지된다.

04. 답 ④

바른 풀이 열린 공간과 밀폐된 공간 모두 질량이 일정하게 유지되려면 반응 후 기체가 생성되지 않거나 외부와 계속적인 반응이 일어나지 않아야 한다. ①, ② 나무와 양초를 연소시키면 이산화 탄소가 발생하여 열린 공간에서는 질량이 감소한다.

③ 강철솜을 연소시킬 때 공기 중의 산소와 계속 결합하여 결합한 산소의 질량만큼 강철솜의 질량이 늘어난다.

⑤ 묽은 염산에 대리석 조각을 넣으면 이산화 탄소가 발생한다.

**[유형22-3]** 답 10

해설 볼트와 너트는 1 : 2의 개수비로 결합하기 때문에, 볼트 20개와 너트 20개가 결합하여 화합물 10개를 만들고 볼트 10개가 남는다.

05. 답 8

해설 $R_2B$는 2 g 의 R 2개와 4 g 의 B 1개로 이루어진 화합물로 전체 질량은 (2 g × 2개) + (4 g × 1개) = 8 g 이다.

06. 답 ①

해설 $R_2B$의 개수비는 2 : 1 이므로 질량비는 (2 g × 2개) : (4 g × 1개) = 4 : 4 = 1 : 1 이다.

**[유형22-4]** 답 ㄱ, ㄷ

바른 풀이 ㄴ. 아이오딘화 칼륨 수용액에 질산 납 수용액을 같은 부피로 넣어주게 되면 아이오딘화 납 앙금이 생성된다. E시험관의 경우 칼륨 수용액 6 mL 에 질산 납 수용액 8 mL 가 반응을 하였다. 두 수용액은 1 : 1의 부피비로 반응하므로 시험관에는 질산 납 수용액이 앙금이 생성되지 않은 채 남아있다. 이 시험관에 아이오딘화 칼륨 수용액 2 mL 를 더 넣어주게 되면 앙금이 더 생성되지만 질산 납 수용액을 더 넣어도 앙금은 생성되지 않는다.

07. 답 (나)

해설 그래프는 앙금의 높이를 나타내고 있다. D, E, F 시험관에서는 더 이상 반응 할 아이오딘화 칼륨이 없기 때문에 앙금의 높이가 더 이상 증가하지 않는다. 따라서 앙금의 높이는 점점 증가하다가 더 이상 증가하지 않는 모양의 (나)와 같이 나타낼 수 있다.

08. 답 20

해설 아이오딘화 칼륨과 질산 납은 1 : 1의 부피비로 반응한다

## 창의력 & 토론마당 126~129쪽

**01**

〈예시 답안〉 성냥개비를 병에 담고 뚜껑을 닫은 후 질량을 측정한다. 그 다음 돋보기를 이용하여 빛을 모아 성냥개비에 불을 붙이고 성냥개비가 모두 연소된 후 질량을 측정한다.

해설 밀폐된 공간에서 연소 반응이 일어나면 다른 물질의 출입이 일어나지 않아 질량 보존 법칙을 설명할 수 있다. 성냥개비를 병에 넣고 뚜껑을 닫은 다음 질량을 측정한 뒤 돋보기를 이용하여 성냥개비에 불을 붙인다. 연소가 끝난 다음 다시 질량을 측정하여 반응 전과 비교함으로써 질량 보존 법칙을 증명할 수 있다.

**02**

〈예시 답안〉 밀폐된 유리컵 안에서 양초가 연소할 때 필요한 산소를 모두 소모하였기 때문에 유리컵 내부의 산소가 부족하여 불이 꺼졌다.

해설 양초가 연소할 때는 양초의 성분인 탄소와 수소가 공기 중의 산소와 반응하여 이산화 탄소와 수증기가 생성된다. 이때 탄소와 수소는 산소와 일정한 비율로 화학 반응을 하는데, 밀폐된 용기에서 양초를 연소시키면 산소가 부족하게 되어 양초가 충분해도 더 이상 연소가 일어나지 않는다.

**03**

〈예시 답안〉 유리컵 안의 산소가 소모되어 압력이 작아져서 수면이 위로 올라간다.

해설 유리컵 안의 산소와 철이 반응하여 산화 철이 생성된다. 이때 유리컵 안의 산소가 소모되면서 유리컵 안의 압력이 작아져 수면은 위로 올라간다. 산소가 소모되어 반응 후 유리컵 안 기체의 부피는 줄어들었지만 반응 전후 철과 산소의 원자의 개수에는 변함이 없다.

**04**

〈예시 답안 1〉 인구의 수도 많아지고 수많은 건물들과 많은 발명품들이 생겨났기 때문에 질량이 늘어났을 것이다.
〈예시 답안 2〉 인구가 증가한 만큼 지구의 많은 자원을 소비하였기 때문에 질량이 일정할 것이다.

해설 인간도 우주를 이루는 물질에 불과하기 때문에 인간이 죽으면 미생물에 의해 분해되어 흙으로 돌아가고, 식물이 분해된 물질을 이용해서 만든 양분을 인간이 섭취하여 다시 인간의 질량이 증가한다. 인구가 늘어나면 다른 무생물이나 생물들의 질량이 감소하게 되므로 인구가 증가해도 지구의 질량은 변하지 않는다.

**05**

4 cm

해설 강철솜 10 g 을 가열하였으므로 완전히 반응할 때 반응한 산소의 질량은 4 g ($10 : x = 5 : 2$ , $x = 4$) 이다. 따라서 오른쪽의 산화 철의 질량은 14 g 이다.
지레의 원리에 의해 아래와 같이 수평을 맞출 때 산화 철과 막대 저울 중심까지의 거리를 구할 수 있다.
강철솜의 무게 × 강철솜과 중심까지의 길이
= 산화 철의 무게 × 산화 철과 중심까지의 길이,
$10\text{ g} \times 14\text{ cm} = 14\text{ g} \times y\text{ cm}$,
$y = 10$
따라서 산화 철과 중심부의 거리가 10cm 일 때 수평이 맞춰지고, 화살표 방향으로 4 cm 산화 철을 움직이면 수평을 맞출 수 있다.

## 스스로 실력 높이기 130~133쪽

**01.** (1) O (2) X (3) O **02.** 4
**03.** (1) 이산화 탄소 (2) 일정 (3) 감소
**04.** (1) 감 (2) 증 (3) 감 **05.** =
**06.** 감소 **07.** 일정 성분비 법칙
**08.** (1) 질량비 (2) 화학 반응
**09.** (1) X (2) O (3) O **10.** (1) 2 : 1 (2) 2 : 3
**11.** ⑤ **12.** ② **13.** ②, ⑤ **14.** ②
**15.** ① **16.** ③ **17.** ② **18.** ①
**19.** ④ **20.** 일정 성분비 법칙
**21.** 〈해설 참조〉 **22.** 9 g

01. 답 (1) O (2) X (3) O
바른 풀이 (2) 반응 전과 반응 후 원자의 종류와 수가 같기 때문에 질량 보존 법칙이 성립된다.

02. 답 4
해설 물은 산소와 수소로 구성되어 있고, 반응 전후 질량이 보존되므로 물을 전기 분해하여서 얻은 산소의 값을 뺀 만큼 수소가 생성된 것이다.
물 36g − 산소 32g = 수소 4g

04. 답 (1) 감 (2) 증 (3) 감
해설 (1) 열린 공간에서 기체가 발생하는 반응은 생성된 기체가 공기 중으로 빠져 나가서 전체 질량은 감소한다.
(2) 강철솜은 연소 반응을 할 때 공기 중의 산소와 결합하여 결합한 산소의 질량만큼 질량이 늘어나게 된다.
(3) 나무의 연소 반응의 결과로 이산화 탄소와 재가 생성되므로 전체 질량은 감소한다. (2) 강철솜은 연소 반응을 할 때 공기 중의 산소와 결합하여 결합한 산소의 질량만큼 질량이 늘어나게 된다.

06. 답 감소

해설 나무의 연소 결과로 생성된 이산화 탄소 기체가 공기 중으로 빠져나가기 때문에 열린 공간에서 나무를 연소하게 되면 전체 질량이 줄어든다.

09. 답 (1) X (2) O (3) O
바른 풀이 (1) 반응 후 질량은 반응 전 질량과 같다.

10. 답 (1) 2 : 1 (2) 2 : 3
해설 $A_2B$는 A 2개와 B 1개가 결합한 화합물이다. 따라서 A : B 의 개수비는 2 : 1 이다. A의 질량은 1 g 이고, B의 질량은 3 g 이므로 $A_2B$의 질량비는 A : B = (1 g × 2개) : ( 3 g × 1개) = 2 : 3 이다.

11. 답 ⑤
해설 물질을 구성하는 원자의 종류와 수는 변하지 않기 때문에 질량 보존 법칙이 성립 된다. 화학 반응의 결과로 새로운 물질이 생성되기도 하지만 물질을 구성하는 원자는 변하지 않는다.

12. 답 ②
해설 반응 전 물질의 총 질량( ㉠ + ㉡ )과 반응 후 물질의 총 질량( ㉢ + ㉣ )은 같으므로 ㉠ + ㉡ = ㉢ + ㉣ 의 식이 성립된다. 따라서 ㉠ = ( ㉢ + ㉣ ) − ㉡이 성립한다.

13. 답 ②, ⑤
해설 ② 가열하여 연소 반응을 한 B의 강철솜은 산화 철이 된다.
⑤ 열린 공간에서 강철솜을 연소하게 되면 공기 중의 산소와 결합하여 결합한 산소의 질량만큼 늘어나게 된다. 따라서 무거워진 B쪽으로 저울이 기울어진다.
바른 풀이 ①, ③, ④ A는 연소되지 않아 산화 철이 되지 않고, B만 산화 철이 되어 저울이 오른쪽으로 기울게 된다.

14. 답 ②
해설 묽은 염산과 대리석(탄산 칼슘)이 반응하면 이산화 탄소 기체가 발생한다. 뚜껑을 열어 놓은 열린 공간에서 반응 하였기 때문에 발생한 이산화 탄소의 기체는 모두 공기 중으로 빠져나간다. 따라서 반응 전 질량(75 g)에서 반응 후 질량(74.3 g)을 뺀 나머지 값이 빠져나간 이산화 탄소의 질량이 된다. ( 75 g − 74.3 g = 0.7 g )

15. 답 ①
해설 일정 성분비 법칙은 화학 반응이 일어날 때에만 성립된다. 물에 용해되는 소금의 경우 소금의 양을 다르게 하여 소금물의 농도를 조절할 수 있으므로 성분 원소들 사이에 일정한 질량비가 성립되지 않는다.

16. 답 ③
해설 볼트 5개와 너트 10개를 모두 이용하여 화합물 5개를 만들었다고 하였으므로 볼트 1개와 너트 2개가 결합한 모형을 찾으면 된다.

17. 답 ②
해설 $BN_2$ 모형은 볼트(B) 1개(4 g)와 너트(N) 2개를 사용한 것(3 g × 2개 = 6 g)이다. 각각 10개씩을 이용해 최대한 만들 수 있는 모형은 5개이며 이 화합물의 질량은 10 g(4 g + 6 g = 10 g)이다.

18. 답 ①
바른 풀이 ② 시험관 A에서는 앙금이 생성되지 않았다.
③ 시험관 D, E, F 에서는 질산 납 수용액을 계속 넣어주어도 반응할 수 있는 아이오딘화 이온이 없기 때문에 앙금은 더 이상 생성되지 않는다.
④ 시험관 B와 C에는 반응하지 못한 아이오딘화 칼륨 수용액이 남아 있다.
⑤ 아이오딘화 칼륨 수용액과 질산 납 수용액은 같은 부피비로 반응한다. 시험관 E와 F에는 질산 납이 아이오딘화 칼륨 수용액 보다 많이 들어 있으므로 반응하지 못하고 남은 물질은 질산 납 수용액이다.

19. 답 ④
해설 아이오딘화 칼륨 수용액과 질산 납 수용액은 1 : 1의 부피비로 반응한다. 시험관 F는 현재 아이오딘화 칼륨 수용액 6 mL 와 질산 납 수용액 10 mL 가 있다. 이 시험관의 질산 납 수용액이 모두 반응하게 하려면 아이오딘화 칼륨 수용액 4 mL 더 넣어 부피비를 1 : 1로 만들어야 한다.

21. 답 〈예시 답안〉 설탕을 물에 녹이기 전과 후의 질량 측정, 소금을 물에 녹이기 전과 후의 질량 측정, 밀폐된 공간에서 연소 반응 전과 후의 질량 측정, 밀폐된 공간에서 묽은 염산에 대리석 조각을 넣기 전과 후의 질량 측정 등
해설 질량 보존 법칙은 물리 변화와 화학 변화 모두에서 일어난다. 단, 화학 변화에서는 밀폐된 공간에서 반응이 일어나야 외부 물질의 출입과 반응 물질의 이동을 막을 수 있다.

22. 답 9 g
해설 철 20 g 을 가열하므로 완전히 반응할 때 반응한 산소의 질량은 8 g (20 : $x$ = 5 : 2 , $x$ = 8) 이다. 산소 8 g 을 만들기 위해 전기 분해해야하는 물의 질량은 9 g (8 : $x$ = 8 : 8+1 , $x$ = 9)이다.

# 23강. 화학 반응식

**개념확인** 134~137쪽

1. 화학 반응식
2. (1) ⓐ 1 ⓑ 2 (2) ⓒ 4 ⓓ 2 (3) ⓔ 2 ⓕ 6
3. ⓐ 산소 ⓑ 수증기(물) ⓒ 2 ⓓ 1 ⓔ 6
4. 질량 보존, 일정 성분비

**확인+** 134~137쪽

1. (1) $CO_2$ (2) FeS
2. ②
3. ③
4. (1) O (2) X (3) X

**3.** 답 ③
해설 화학 반응식을 통해 물질의 종류, 분자의 종류, 분자 수, 원자 수는 알 수 있지만 화학 반응 속도는 알 수 없다.

**4.** 답 (1) O (2) X (3) X
해설 (2) 화학 반응식에서 반응 물질과 생성 물질의 질량비가 같으며 일정 성분비 법칙은 성립한다.
(3) 화학 반응식에서 계수비, 분자수비는 항상 일정하지만, 부피비는 기체인 경우에만 성립한다.

**생각해보기** 134~137쪽

★ 수소와 산소를 2 : 1 비율로 혼합한 후 전기 불꽃 장치로 반응시키면 물이 합성된다.

★★ 메테인($CH_4$)이 산소($O_2$)와 반응하면 수증기($H_2O$)와 이산화 탄소($CO_2$)가 생성된다.

**개념 다지기** 138~139쪽

| | | |
|---|---|---|
| 01. ④ | 02. ⑤ | 03. ⑤ |
| 04. ⑤ | 05. ⑤ | 06. ③ |

**01.** 답 ④
바른 풀이 화학 변화가 일어나기 전의 물질을 반응물질, 화학 변화가 일어나 새로 생긴 물질을 생성 물질이라 한다.
④ $N_2 + 3H_2 \rightarrow 2NH_3$의 반응 물질은 $N_2$, $H_2$, 생성 물질은 $NH_3$ 이다.

**02.** 답 ⑤
해설 $CH_4 + 2O_2 \rightarrow 2H_2O + CO_2$

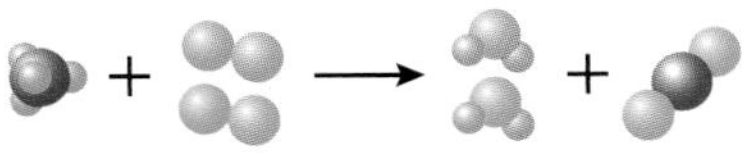

**03.** 답 ⑤
해설 2개의 수소와 1개의 산소는 반응하여 2개의 수증기(물)를 생성한다. $2H_2 + O_2 \rightarrow 2H_2O$

**04.** 답 ⑤
바른 풀이 ⑤ 화학 반응식의 반응 물질과 생성 물질의 질량과 질량비는 항상 같으며, 질량 보존 법칙, 일정 성분비 법칙이 성립한다.
해설 ①, ② 반응 물질과 생성 물질의 질량과 원자 수는 같다.
③, ④ 반응 물질과 생성 물질의 계수비, 분자수비, 부피비는 같으며 부피 비는 기체인 경우에만 성립한다.

**05.** 답 ⑤
바른 풀이 ⑤ 반응 물질과 생성 물질의 원자수비는
질소 : 수소 : 암모니아 = 1 : 3 : 4 이다.

**06.** 답 ③
바른 풀이 ③ 반응 물질의 분자 수는 4개, 생성 물질의 분자 수는 2개로 같지 않다.

**유형 익히기 & 하브루타** 140~143쪽

[유형23-1] ①
01. (1) $CO_2$ (2) $O_2$ (3) FeS (4) $N_2$
02. ②

[유형23-2] $NH_3$, 1, 3, $2NH_3$, $N_2$, $3H_2$, $2NH_3$
03. ① 04. ②

[유형23-3] ③
05. ⓐ 1 ⓑ 3 ⓒ 8 06. ③

[유형23-4] ①, ③ 07. ⑤ 08. ②

**[유형23-1]** 답 ①
해설 철(Fe)과 황(S)이 반응하면 황화 철(FeS)이 생성된다.
$Fe + S \rightarrow FeS$

**02.** 답 ②
해설 모형의 원소의 개수와 식의 원소의 개수를 맞추어 봤을 때 '원자 1개 + 원자 2개 → 원자 3개' 의 형태가 된다. 이 형태는 탄소와 산소가 결합해서 이산화 탄소를 생성하는 화학 반응식 '$C + O_2 \rightarrow CO_2$' 이다.

**[유형23-2]** 답 $NH_3$, 1, 3, $2NH_3$, $N_2$, $3H_2$, $2NH_3$
해설 암모니아의 화학식은 $NH_3$이며, 1개의 질소 분자와 3개의 수소 분자가 반응해 2개의 암모니아 분자를 생성한다.
$N_2 + 3H_2 \rightarrow 2NH_3$

**03.** 답 ①
해설 1개의 탄소(C)와 1개의 산소($O_2$)가 반응하면 1개의 이산화 탄소($CO_2$)가 생성된다. $C + O_2 \rightarrow CO_2$

**04.** 답 ②

해설 2개의 수소 분자($H_2$)와 1개의 산소 분자($O_2$)가 반응하면 2개의 수증기($H_2O$)가 생성된다. $2H + O_2 \rightarrow 2H_2O$

**[유형23-3]** 답 ③

바른 풀이 ③ 생성 물질의 원자는 물이 아니라 수소 원자, 산소 원자이다.

**05.** 답 ⓐ 1 ⓑ 3 ⓒ 8

해설 1개의 질소 분자($N_2$)와 3개의 수소 분자($H_2$)가 반응하면 2개의 암모니아 분자($NH_3$)가 생성된다. 질소는 원자 수가 2개, 수소는 원자 수가 2개씩 3개의 분자가 있으므로 6개, 암모니아는 원자 수가 4개씩 2개의 분자가 있으므로 8개이다.

**06.** 답 ③

해설 화학 반응식을 통해 반응 물질과 생성 물질의 종류, 수는 알 수 있지만 분자의 크기, 성질, 모양 등은 알 수 없다.

**[유형23-4]** 답 ①, ③

해설 철(Fe)과 황(S)이 반응하면 황화 철(FeS)이 생성된다.
$Fe + S \rightarrow FeS$

②, ⑤ 계수비 = 분자수비 = 부피비는 기체인 경우에만 성립한다.

④ 계수비 ⇒ 철 : 황 : 황화 철 = 1 : 1 : 1이다.

**07.** 답 ⑤

해설 화학 반응식을 통해 반응 물질과 생성 물질의 종류, 수, 비율, 질량을 알 수 있다. 반응 물질과 생성 물질이 모두 기체인 경우 부피의 비율도 알 수 있으나 기체가 아닌 경우 부피의 비율을 알 수 없다.

**08.** 답 ②

바른 풀이 ① 탄소와 산소의 반응으로 생성된 이산화 탄소의 원자 수는 3개이다.

③ C, $O_2$, $CO_2$의 분자수비는 1 : 1 : 1 이다.

④ 탄소 원자의 질량은 12, 산소 원자의 질량은 16으로 반응 물질과 생성 물질의 질량을 알 수 있다.

⑤ 탄소 기체와 산소 기체가 반응하면 이산화 탄소 기체를 생성한다.

## 창의력 & 토론마당 144~147쪽

**01** 금속 물질은 여러 개의 동일한 원자가 반복적으로 결합되어 있기 때문에 화학 반응식에서 원소 기호를 화학식으로 쓴다.

해설 마그네슘(Mg)과 구리(Cu) 등의 물질은 여러 개의 동일한 원자가 반복적으로 결합되어 있어서 어디까지 하나의 덩어리라고 볼 수 없어 화학식을 원소 기호로 표현한다.

**02** 같은 성분 원소로 이루어진 물질이라도 성분 원소의 질량비가 다르면 다른 물질이므로 서로 다른 특성을 갖는다.

해설 물과 과산화 수소는 수소와 산소의 같은 성분 원소로 이루어진 물질이지만, 성분 원소의 구조와 질량비가 달라 전혀 다른 성질을 갖는다.

**03** 일반적으로 수소와 질소는 원자 2개가 결합한 분자 구조를 가지기 때문이다.

해설 화학 반응식은 일상 생활에서 나타나는 반응을 기호를 이용해 그대로 표현한 것이다. 수소와 질소는 원자 상태로 존재하는 것이 아니라, 물질인 수소 분자와 질소 분자의 형태로 존재한다. 따라서 암모니아가 형성될 때는 물질인 수소 분자와 질소 분자가 결합해 암모니아 분자를 생성한다.

**04** 이산화 탄소가 물에 녹아 탄산의 형태로 존재하기 때문이다.

해설 한 분자의 이산화 탄소($CO_2$)가 한 분자의 물($H_2O$)과 반응하면 한 분자의 탄산($H_2CO_3$)을 생성한다. 주입한 기체는 이산화 탄소이지만, 음료 속 물과 반응해 이산화 탄소가 아닌 탄산의 형태로 존재하기 때문에 탄산음료라 불린다. $CO_2 + H_2O \rightarrow H_2CO_3$

**05** 모든 물질은 원자의 형태가 아닌 분자의 형태로 이루어져 있다.

해설 수소와 산소는 원자가 아닌 분자의 상태로 일상 생활에 존재한다. 수소 기체는 수소 분자가, 산소 기체는 산소 분자가 모여 있는 것이며, 물은 수소 원자와 산소 원자가 하나씩 결합한 복합 원자가 아니라 수소 분자와 산소 분자가 2 : 1 의 비율로 결합해 생선된 분자이다.

## 스스로 실력 높이기 148~151쪽

01. 반응, 생성　02. Fe + S → FeS
03. ⑤　04. ②, ④
05. (1) O (2) O (3) X (4) X
06. ㉠ 1 ㉡ 2　07. 2:1:2
08. (1) $CO_2$ (2) $O_2$ (3) $2NH_3$　09. ①
10. (1) 6 (2) 4 (3) 6　11. ③
12. ②, ③, ⑤　13. ⑤　14. ②
15. ⑤　16. ②　17. ①　18. ②
19. ④　20. ②　21. 〈해설참조〉
22. 이산화 탄소와 물이 반응해 탄산을 생성한다.

02. 답 Fe + S → FeS
해설 철의 화학식은 Fe, 황의 화학식은 S로 철과 황이 반응하면 황화 철(FeS)을 생성한다.

03. 답 ⑤
해설 수소 원자가 3개씩 2개의 분자가 있으므로 원자 수는 총 6개이다.

04. 답 ②, ④
바른 풀이 ① 수소는 $H_2$, ③ 물은 $H_2O$, ⑤ 이산화 탄소는 $CO_2$이다.

05. 답 (1) O (2) O (3) X (4) X
해설 화학 반응식을 통해 반응 물질과 생성 물질의 종류, 수, 비율, 질량은 알 수 있지만, 분자의 크기나 분자의 모양은 알 수 없다.

06. 답 ㉠ 1 ㉡ 2
해설 질소($N_2$) 분자 1개와 수소($H_2$) 분자 3개가 반응하면 암모니아($NH_3$) 분자 2개가 생성된다. $N_2 + 3H_2 \rightarrow 2NH_3$

07. 답 2 : 1 : 2
해설 2개의 수소 분자($H_2$)와 1개의 산소 분자($O_2$)가 반응하면 2개의 수증기($H_2O$)가 생성되므로 2 : 1 : 2의 계수비를 갖는다.

09. 답 ①
바른 풀이 ① $2H_2$는 2개의 수소 분자, 4개의 수소 원자를 말한다.

10. 답 (1) 6 (2) 4 (3) 6
해설 (1) 수소 원자가 3개씩 2개의 분자가 있으므로 총 6개이다.
(2) 수소 원자가 2개씩 2개의 분자가 있으므로 총 4개이다.
(3) 수소 원자가 2개씩 3개의 분자가 있으므로 총 6개이다.

11. 답 ③
해설 2개의 수소 분자($H_2$)와 1개의 산소 분자($O_2$)가 반응하면 2개의 수증기($H_2O$)가 생성된다. 괄호 안의 숫자를 모두 더하면 2 + 1 + 2 = 5 이다. $2H_2 + O_2 \rightarrow 2H_2O$

12. 답 ②, ③, ⑤
바른 풀이 ① 황화 철은 고체 화합물이다.
④ 계수비 = 분자수비 = 부피비는 기체인 경우에만 성립한다.

13. 답 ⑤
해설 2개의 수소 분자($H_2$)와 1개의 산소 분자($O_2$)가 반응하면 2개의 수증기($H_2O$)가 생성되므로 2 : 1 : 2의 계수비를 갖는다.

14. 답 ②
바른 풀이 1개의 수소($H_2$) 분자와 1개의 염소($Cl_2$) 분자가 반응하면 2개의 염화 수소(HCl) 분자가 생성된다. $H_2 + Cl_2 \rightarrow 2HCl$

15. 답 ⑤
해설 화학 반응식을 통해 반응 물질과 생성 물질의 종류, 원자 수, 분자 수를 알 수 있지만 분자의 크기는 알 수 없다.

16. 답 ②
바른 풀이 ② 2개의 질소 원자(N)가 결합한 질소 분자($N_2$) 1개와 2개와 산소 원자(O)가 결합한 산소 분자($O_2$) 1개가 반응하면 2개의 일산화 질소 분자(NO)가 생성된다.

17. 답 ①
해설 반응 물질의 질량은 14 g + 6 g = 20 g, 생성 물질의 질량은 20 g 이므로 반응 물질과 생성 물질의 질량비는 1 : 1 이다.

18. 답 ②
해설 2개의 수소와 1개의 산소는 반응하여 2개의 물을 생성한다. 그림의 산소 분자는 3개, 수소 분자는 8개 이므로 산소 분자 3개와 수소 분자 6개가 반응하면 6개의 물이 생성되고, 2개의 수소 분자가 남는다.

19. 답 ④
바른 풀이 탄소와 산소가 만나 이산화 탄소를 생성하는 화학 반응식에서 탄소, 산소, 이산화 탄소의 계수비는 C : $O_2$ : $CO_2$ = 1 : 1 : 1 이다.

20. 답 ②
바른 풀이 ② ㉡에서 물의 계수는 2이다.
해설 ①, ②, ④, ⑤ 1단계 : 과산화 수소 → 물 + 산소
2단계 : $H_2O_2 \rightarrow H_2O + O_2$
3단계 : $2H_2O_2 \rightarrow 2H_2O + O_2$

21. 답 이산화 탄소($CO_2$)가 생성될 때에는 일산화 탄소(CO)가 생성될 때보다 더 많은 양의 산소가 필요하다. 산소가 부족한 밀폐된 텐트 안에서는 일산화 탄소가 생성된다.
해설 $2C + O_2 \rightarrow 2CO$(일산화 탄소)

$C + O_2 \rightarrow CO_2$(이산화 탄소)
같은 질량의 탄소가 연소될 때, 이산화 탄소의 생성은 일산화 탄소가 생성될 때보다 더 많은 양의 산소가 필요하다.

22. 답 이산화 탄소와 물이 반응해 탄산을 생성한다.
해설 한 분자의 이산화 탄소($CO_2$)가 한 분자의 물($H_2O$)과 반응하면 한 분자의 탄산($H_2CO_3$)을 생성한다.

## 24강. Project 7

### 서술 152~153쪽

**Q1**
사탕수수즙에서 불순물과 독소를 제거하는 정제 과정에서 천연 영양 성분도 모두 제거되기 때문이다.

### 탐구-1 154~155쪽

1. 시험관 D는 가열을 하면서 새로운 물질로 변하기 때문이다.
2. · 가열하는 이유 : 열을 가해 화합 반응을 일어나도록 하기 위해
 · 색이 변하는 이유 : 새로운 물질로 변하기 때문이다.
3. · 염산과 반응하는 물질 : 철
 · 발생하는 기체 : 수소

2. 해설 황가루와 철가루가 섞여 있는 혼합물을 가열하면 황화 철이라는 새로운 화합물이 생성된다. 새로운 물질인 황화 철은 황과 철의 혼합물과 색과 성질이 다르다.

3. 해설 금속 물질은 염산과 반응하여 수소 기체를 발생시킨다.

### 탐구-2 156~157쪽

1. 높이를 이용해 생성된 앙금의 양을 비교하므로 굵기가 같은 시험관을 사용해야 정확한 값을 얻을 수 있다.
2. 아이오딘화 칼륨이 모두 반응하여 더 이상 반응할 물질이 없기 때문이다.
3. 일정 성분비 법칙

특목고, 영재교육원 대비서 **아이앤아이**

창의력과학의 결정판, 단계별 과학 영재 대비서 **세페이드**

## 세페이드 시리즈

창의력과학의 결정판, 단계별 과학 영재 대비서

| 단계 | 과정 | 과목 | 교재 / 대상 |
|---|---|---|---|
| 1F | 중등 기초 | 물리(상,하)<br>화학(상,하) | <br>중학교 과학을 처음 접하는 사람 / 과학을 차근차근 배우고 싶은 사람 / 창의력을 키우고 싶은 사람 |
| 2F | 중등 완성 | 물리(상,하)<br>화학(상,하)<br>생명과학(상,하)<br>지구과학(상,하) | <br>중학교 과학을 완성하고 싶은 사람 / 중등 수준 창의력을 숙달하고 싶은 사람 |
| 3F | 고등 I | 물리(상,하)<br>물리 영재편(상, 하)<br>화학(상,하)<br>생명과학(상,하)<br>지구과학(상,하) | <br>고등학교 과학 I을 완성하고 싶은 사람 / 고등 수준 창의력을 키우고 싶은 사람 |
| 4F | 고등 II | 물리(상,하)<br>화학(상,하)<br>생명과학(영재학교편,심화편)<br>지구과학 (영재학교편,심화편) | <br>고등학교 과학 II을 완성하고 싶은 사람 / 고등 수준 창의력을 숙달하고 싶은 사람 |
| 5F | 영재과학고 대비 파이널 | 물리 · 화학<br>생명 · 지구과학 | <br>고급 문제, 심화 문제, 융합 문제를 통한 각 시험과 대회를 대비하고자 하는 사람 |

| | | | | | |
|---|---|---|---|---|---|
| 세페이드 모의고사 | <br>내신 + 심화 + 기출, 시험대비 최종점검 / 창의적 문제 해결력 강화 | 세페이드 고등 통합과학 | <br>고1 내신 기본서 | 세페이드 고등학교 물리학 I (상,하) | <br>고등학교 물리 I (2권) 내신 + 심화 |

* 무한상상의 〈세페이드 과학 시리즈〉는 국내 최초로 중고등과정의 과학의 전부와 과학 창의력 문제의 전부를
1F [ 중등기초 ] – 2F [ 중등완성 ] – 3F [ 영재학교 I ] – 4F [ 영재학교 II ] – 실전 문제 풀이의 5단계로 구성하였습니다.
창의력과학 세페이드시리즈와 함께 이제 편안하게 과학 공부를 즐길 수 있습니다. cafe.naver.com/creativeini

**무한상상**

창의력과학

# 세페이드

시리즈

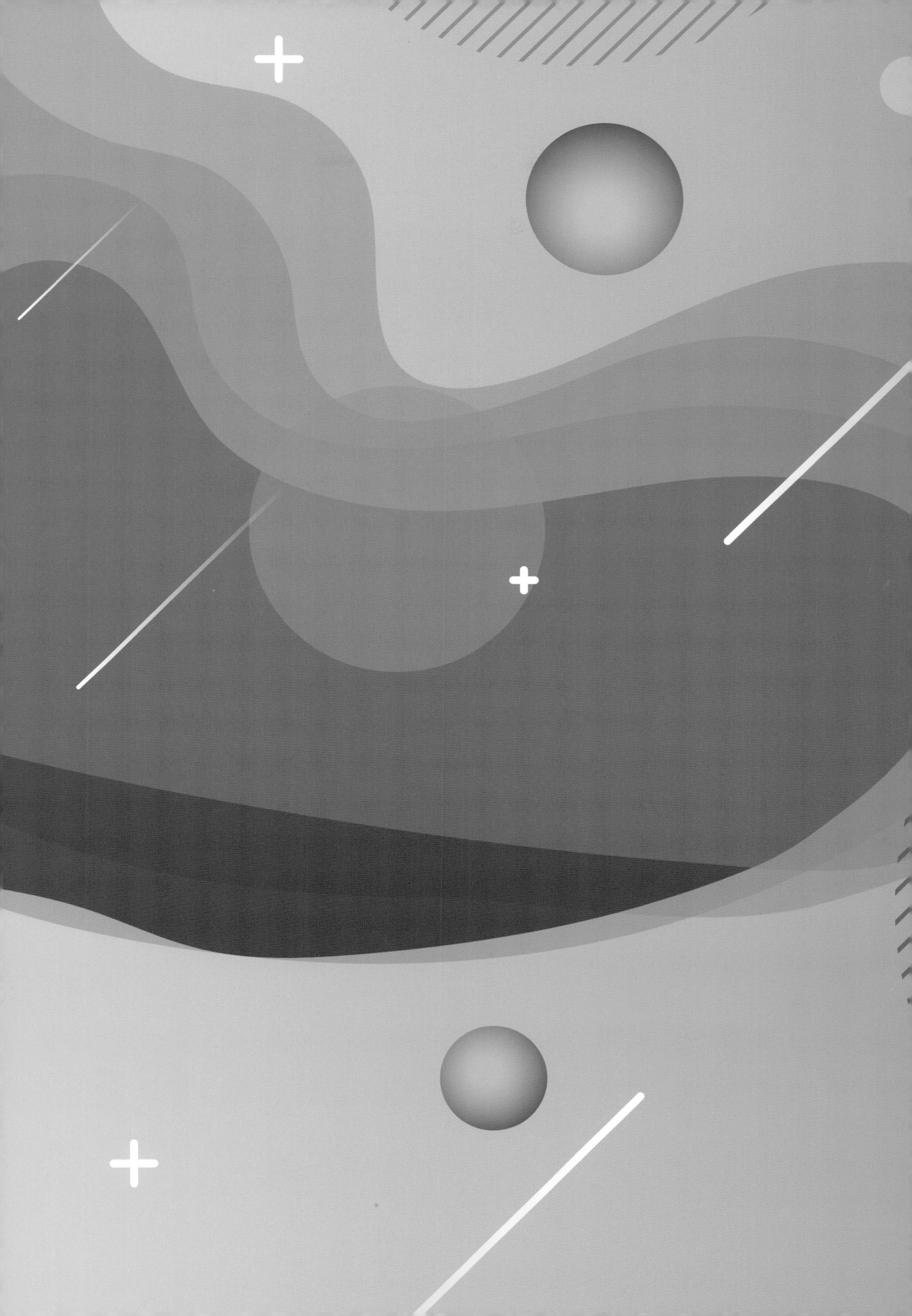

# 무한상상 교재 활용법

무한상상은 상상이 현실이 되는 차별화된 창의교육을 만들어갑니다.

## 아이앤아이 시리즈

특목고, 영재교육원 대비서

| | 아이앤아이 영재들의 수학여행 | 아이앤아이 꾸러미 | 아이앤아이 꾸러미 120제 | 아이앤아이 꾸러미 48제 | 아이앤아이 꾸러미 과학대회 | 창의력과학 아이앤아이 I&I |
|---|---|---|---|---|---|---|
| | 수학 (단계별 영재교육) | 수학, 과학 | 수학, 과학 | 수학, 과학 | 과학 | 과학 |
| 6세~초1 | 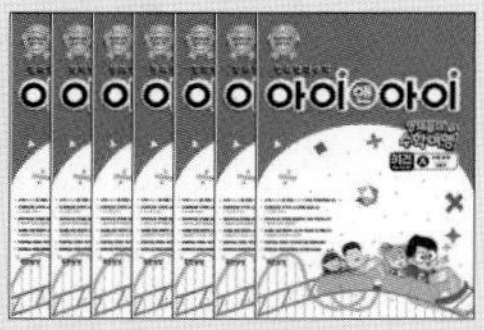 수, 연산, 도형, 측정, 규칙, 문제해결력, 워크북 (7권) | | | | | |
| 초 1~3 |  수와 연산, 도형, 측정, 규칙, 자료와 가능성, 문제해결력, 워크북 (7권) |  |  수학, 과학 (2권) |  수학, 과학 (2권) | | |
| 초 3~5 | 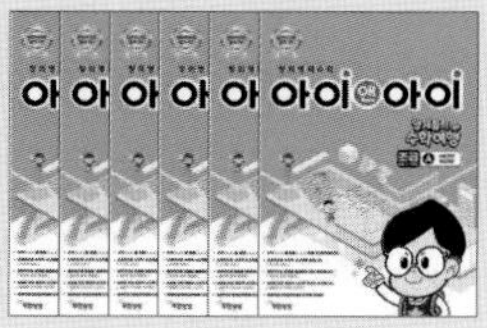 수와 연산, 도형, 측정, 규칙, 자료와 가능성, 문제해결력 (6권) | | | |  과학토론 대회, 과학산출물 대회, 발명품 대회 등 대회 출전 노하우 |  |
| 초 4~6 |  수와 연산, 도형, 측정, 규칙, 자료와 가능성, 문제해결력 (6권) |  |  |  | |  |
| 초 6 |  수와 연산, 도형, 측정, 규칙, 자료와 가능성, 문제해결력 (6권) |  |  수학, 과학 (2권) |  수학, 과학 (2권) | |  |
| 중등 | |  | | |  과학토론 대회, 과학산출물 대회, 발명품 대회 등 대회 출전 노하우 |  물리(상,하), 화학(상,하), 생명과학(상,하), 지구과학(상,하) (8권) |
| 고등 | | | | | | |